数学欣赏与发现

于国海 编著

清华大学出版社
北京

内容简介

本书分两个部分：第一部分通过厚重悠远的文化积淀、美轮美奂的数林奇葩、璀璨靓丽的数学明珠三个专题介绍数学发展史上一些颇具欣赏意蕴的经典案例；第二部分从数学解题的价值取向切入，通过场景生动、针对性强的数学发现实案引领读者体悟观察与实验、归纳与类比、一般化与特殊化等数学发现的方法策略。最后立足一线教师视角探讨指向发现与探索的数学知识和数学解题教学路径。本书扎根文化数学背景，主要涉及初等数学，撷选案例鲜活具体，寓知识性、趣味性、思想性、探索性于一体，期望读者在欣赏数学的同时去发现数学、探索数学。

本书可作为数学师范生学科综合素养教学用书，也可作为通俗读物，供中小学教师、大中学生以及其他数学爱好者阅读或参考。

图书在版编目(CIP)数据

数学欣赏与发现/于国海编著 .—北京：清华大学出版社，2021.5（2023.8 重印）
ISBN 978-7-302-57139-1

Ⅰ.①数… Ⅱ.①于… Ⅲ.①数学—普及读物 Ⅳ.①O1-49

中国版本图书馆 CIP 数据核字(2020)第 262167 号

责任编辑：吴梦佳
封面设计：何凤霞
责任校对：赵琳爽
责任印制：丛怀宇

出版发行：清华大学出版社
网　　址：http://www.tup.com.cn，http://www.wqbook.com
地　　址：北京清华大学学研大厦 A 座　　**邮　　编**：100084
社 总 机：010-83470000　　**邮　　购**：010-62786544
投稿与读者服务：010-62776969，c-service@tup.tsinghua.edu.cn
质量反馈：010-62772015，zhiliang@tup.tsinghua.edu.cn
印 装 者：涿州市般润文化传播有限公司
经　　销：全国新华书店
开　　本：170mm×240mm　　**印　　张**：11.5　　**字　　数**：215 千字
版　　次：2021 年 5 月第 1 版　　**印　　次**：2023 年 8 月第 5 次印刷
定　　价：58.00 元

产品编号：088472-01

作者简介

于国海，男，1970年8月生，江苏南通人，副教授。南通师范高等专科学校小学教育研究所副所长，初等教育学院数学与科学教育系主任，校首届十佳“德艺双馨”教师、校第三届教学名师。1992年南京师范大学数学系本科毕业，2006年获扬州大学教育学硕士学位。主要研究领域为数学教师教育，曾获江苏省高教学会高等教育科研成果二等奖。在《基础教育课程》《数学通报》《教学与管理》《中小学教师培训》《中学数学教学参考》和《上海中学数学》等期刊公开发表论文20余篇，参编教材5部，主持或参与各类课题7项，主持2020年江苏高校“青蓝工程”优秀教学团队项目1项。

作者自序

时光荏苒，不觉间扎根在师范教学一线已近30载。在这些年的坚守中，我经常思考：如何让学生领略数学的生动与有趣？如何引领学生更好地学习数学？这些问题实质都非常老套但又难解。数学这门科学在一些人心目中本就充满魅力、令人着迷，但在另一些人心目中却是枯燥乏味、高深莫测。过去曾有人说“没有学不好的学生，只有教不好的老师”，后来又有位大师说“必然有一些学生是不可能学好数学的”。在本人长期的教育工作中，也经常看到一些数学成绩一般的师范生就职后的发展顺风顺水，但一些数学尖子生，后来却碌碌无为。看来，所谓“学好”，或许不同境域下应有不同的诠释。在新师范教育背景下“学好”又作何理解？我们的学生毕业后大都从事小学一线教育教学工作，毋庸置疑的是，想方设法让他们“学好”数学是教师的责任。

自2014年教育部出台《关于全面深化课程改革落实立德树人根本任务的意见》后，聚焦学生核心素养发展成为教育界共识。围绕该话题的讨论也从基础教育逐渐延扩至师范教育。在小学教师全科培养的大背景下，小学教育专业师范生需要怎样的核心素养结构才能顺应未来的职业需求？数学是基础学科，“学好”数学无疑有助于他们的职后专业发展。如何让他们学好数学？训练他们成为解题高手，还是要关注所谓的“关键能力”与“必备品格”？这些思考在新师范教育背景下变得非常现实而且迫切。我认为，既然不可能把所有学习者训练为解题高手，那么或许有必要重新审视新师范教育背景下的数学教学。如果教学中能让尽可能多的学习者感受到数学学习除了解题还有许多魅力存在，那么他们就可能在将来小学课堂中通过言传身教，潜移默化地影响学生。带着这些思考，我写出了这本书。

本书分两个部分。前半部分是数学欣赏，不求碎片化罗列的“广”，也不求刨根溯源的“深”，而是选撷一些话题与读者分享，这些话题包括厚重悠远的文化积淀、美轮美奂的数林奇葩、璀璨靓丽的数学明珠。每个话题包括若干个相对独立且颇具欣赏性的专题，其目的是“引”，即试图引领读者在欣赏数学的同时发现数学、创造数学。后半部分是数学发现，不是广、深的发现大全，而是通过一些鲜活生动、背景丰富的数学发现实例（主要是编著者亲身经历的真实案例）引领读者感悟数学发现的方法路径。最后一章“为发现而教”，是写给小学数学教师的，实质表达了写作本书的初始愿景。如果读者是一位数学爱好者，大可略去不读；如果读者是一位师范生或小学教师，能把这种数学探索的过程体验通过恰当的方式与学生分享，这本书的目的就达到了。

最后，需要感谢2020年江苏高校“青蓝工程”优秀教学团队项目资助，也要感谢在本书构思、酝酿、写作过程中领导、同事的关心支持以及亲人、朋友的无私帮助。本书的撰写参阅了大量文献资料，虽然行文审慎有加，但若在表述上有不妥之处，敬请批评、指正。

于国海

2020年6月30日

目录

第一章
CHAPTER 1

厚重悠远的文化积淀

数学是一种精神，一种理性的精神。正是这种精神，激发、促进、鼓舞并驱动人类的思维得以运用到更完善的程度。也正是这种精神，试图决定性地影响人类的物质、道德和社会生活，试图回答有关人类自身存在提出的问题，努力去理解和控制自然，尽力去探求和确立已经获得知识的深刻内涵。

——[美]莫里斯·克莱因.西方文化中的数学[M].张祖贵，译.上海：复旦大学出版社，2004：9.

引　言

数学文化厚重浓郁，源远流长。纵观东西方数学科学发展的历史轨迹，西有毕达哥拉斯、欧几里得、费马、欧拉、莱布尼兹、高斯、罗巴切夫斯基、希尔伯特……东有商高、赵爽、刘辉、祖冲之、秦九韶、杨辉……无数先驱达人前赴后继，或耗费毕生心血，或代代接力浇灌，培植了枝繁叶茂的参天数学大树。横视东西方数学文化脉络，我们惊叹2000多年前古希腊时期《几何原本》的不老神话，也不会忘却东方隋唐时期《算经十书》对后世教育带来的深邃影响；惊叹17世纪西方数学的璀璨盛世，也会自豪于我国宋元时期数学的厚积薄发。回溯以往，三次数学危机的解决使数学科学的体系结构更加完善，基础更加夯实，对欧氏几何第五公设的研究也使几何学的发展分支更加饱满丰富。放眼当今，许多数学问题的提出与解决甚至可追溯至远古时期的数学发展历程。费马猜想实质早已潜藏在勾三股四弦五的抽象思辨中，莱布尼兹二进制的发明也早已孕伏于周易八卦的朴素哲理中。巡历古今数学发展历史长河会发现文化的传承与反思、批判与创新是数学科学发展永恒的主题。东西方独特的数学文化演化之路成就了历史上不同时期的数学辉煌，《几何原本》的问世源于西方欧几里得时代的学者对经验与直觉方法的质疑和反思，而《九章算术》则是东方农耕文化背景下华夏先辈实用数学的丰碑，不仅在后世成就了世界级数学家秦九韶，也使“中国剩余定理”在数论科学中占据不可或缺的功勋地位。时至今日，东方数学发展的盛世华章已经不可小觑，在摘取数学皇冠上明珠的艰难跋涉中，东方数学家华罗庚、王元、丘成桐、陈景润等人的贡献已叹为观止。东西方数学文化通过碰撞交汇融为一体，我们相信在世界大同的文化背景下，已故数学大师陈省身所提出的一个世纪猜想“中国在21世纪将成为数学大国”或成为现实。

第一节 从$\sqrt{2}$的产生到理发师悖论

一、$\sqrt{2}$的产生——第一次数学危机

$\sqrt{2}$这个无理数，虽然当今中学生都可以非常容易地认识与理解，但在漫长的数学科学发展进程中却承载着丰富的文化内涵，其历史地位毫不逊色于任何除旧布新的社会变革。20世纪80年代末期，《数学信使》(*The Mathematical Intelligencer*) 向读者开展一项问卷调查，统计数学科学发展中的十大“美丽定理”。“$\sqrt{2}$是无理数”这一定理名列第七，紧随其后的是“π为超越数”“四色定理”以及大数学家费马的一个结论。

“$\sqrt{2}$是无理数”这一定理的证明始现于2000多年前古希腊几何学家欧几里得（Euclid，约公元前330—前275年）的著作《几何原本》。但这个数的发现却要追溯至比欧几里得早几百年的哲学先驱毕达哥拉斯(Pythagoras，约公元前580—前500年)。作为古希腊时期的哲学翘首，毕达哥拉斯（图1-1）所创立的学派充斥着古埃及文明某些神秘主义的文化传承，但该学派纪律严明、成果丰硕，尤其是许多数学成果成为后世数学科学发展的源头。“哲学”与“数学”这两个词汇的首创者就是毕达哥拉斯，前者意为“智力爱好”，后者意为“可以学到的知识”。毕达哥拉斯学派的核心观点是“万物皆数”，即认为宇宙基本秩序由数构建，“数”是“神”的语言，是宇宙万物的本原。毕达哥拉斯学派所说的“数”是指整数，他们并不把分数看成“数”，而仅视为两个整数之比，据此认为“数”决定了自然界一切现象和规律，宇宙间万事万物都可归溯为整数或整数之比，都必须屈从于“数的和谐”；所谓几何学上的点、线、面、体，所谓水、火、土、气等万物之基，都源于“数”；世人认识世界的唯一路径是找出“数”。

图 1-1

毕达哥拉斯学派关于宇宙认知的独特哲学诠释奠定了西方数学科学发展的根基。广为人知的勾股定理即由该学派发现。勾股定理在几何学乃至整个数学大厦中地位之显赫不言而喻，有“几何学明珠”与“千古第一定理”等美称。由于勾股定理打破了算术和几何的固有屏障，印证了该学派“万物皆数”的哲学信条，据传毕达哥拉斯和他的门徒发现该定理后杀百牛以狂欢，因此也有人称为“百牛定理”。但也正是这个定理，成为摧垮毕达哥拉斯学派哲学根基的导

索，并由此触发了西方数学发展史上的第一次危机。

毕达哥拉斯的一位学生希帕索斯在运用百牛定理说明“万物皆数”时，很自然地考虑了如下问题：边长为1的正方形，其对角线长度是多少呢？根据“万物皆数”，当然应该是“数”，显然不是1，也不是2，应该在1与2之间，因此应能用整数的比表示。但他惊异地发现边长为1的正方形的对角线长度既找不到一个整数表示，也不能用整数的比表示。据传希帕索斯获得这一发现后激动无比，但他还是很快开始冷静思考：表示正方形对角线长度肯定是一种未曾认识的新数（现在知道这是无理数$\sqrt{2}$），但若承认这种新数存在，就意味着“万物皆数”信条不复存在，毕达哥拉斯学派的自然哲学体系也必将崩溃。希帕索斯因此非常苦恼，从早到晚愁眉苦脸，忧心忡忡，最终还是在与其他门徒讨论“万物皆数”时非常谨慎地表达了自己的发现。毕达哥拉斯听说后，虽然也意识到这是一个突破性发现（也有一种说法认为他早就知晓哲学漏洞，但由于担心学派解体而刻意封闭消息），最终还是没有表扬他，而是组织门徒对希帕索斯进行无情的批判，指出其认识是荒谬的、违反常理的。希帕索斯的这一“荒谬”发现在当时古希腊哲学界迅速掀起一场巨大风暴。$\sqrt{2}$这个“怪物”的出现从根基上彻底推翻了当时古希腊人的认识体系，从哲学角度讲意味着信仰的崩塌。这就是西方数学史上的“第一次数学危机”。

在古希腊时期人们的惯常认知中，万事万物（包括几何量）都可用“数”表示，但居然出现了不能用“数”表示的量！最为关键的是，这个“怪物”的出现导致古希腊人推崇的毕达哥拉斯哲学体系的漏洞成为客观存在。古希腊人困惑、纠结但又无可奈何，后来该学派由于极端的政治主张在古希腊民主力量高涨时土崩瓦解，古希腊的数学与哲学也最终实现了“万物皆数”的栅障突围，走向新的繁荣，产生了许多新的学派，如伊利亚学派、柏拉图学派等，在西方数学史上留下了浓重的一笔。

为解决这一疑惑，欧多克斯（Eudoxus，约公元前400—前347年）通过在几何学中引进“不可通约量”的概念打破了这一困局。不可通约量即两条线段，若能找到第三线段能同时把它们量尽，则称这两条线段可通约，否则为不可通约。正方形的一边与对角线，由于找不到一条线段能同时量尽它们，所以它们不可通约（这种理解与我们今天认识无理数的产生实质是一致的）。因此，只要承认“找不到”的情况，几何学研究就不必受制于整数。换句话讲，算术中的“数”可用几何量表示，但是几何量除了整数与整数比外还有其他表示方法。因此，几何学研究就可以独立于算术之外自成一体。越来越多的客观事实促使许多古希腊人开始质疑整数的权威地位，而几何学在他们心目中的地位蒸蒸日上。也正是通过这场危机，古希腊人深刻地认识到：经验与直觉或许靠不住，数学科学更相信客观事实和理性思维，用哲学思维来理解数学可能行不通。从此古希腊人开始实质性重视理性思辨，这一思想洗礼直接促成了欧几里得几何演绎推理体系的诞生。欧几里得在《几何原本》第二卷比例论中吸收了欧多克斯的主要观点，把几何学研究彻底从“万物皆数”的哲学体系中解放出来。

当然，彻底弄清无理数并没有这么简单，从理论上彻底接纳无理数依然经历了漫长的发展过程。直到18世纪，基本常数如圆周率π是无理数被德国数学家兰伯特证明。尤其是随着19世纪现代意义上的实数理论的构建，人类对数的认识才最终实现了从有理数到实数的拓展，第一次数学危机的解决也才算真正圆满彻底。因此，第一次数学危机的产生与解决可谓是数学科学乃至整个科学发展进程中一次深刻的思想革命。

二、无穷小是否为零——第二次数学危机

经历了古希腊时期第一次数学危机的思想洗礼，数学科学发展的车轮缓缓前行，2000年中并无大的突破，直到人类科学史上一个空前伟大的时代来临。17世纪，无论在数学史还是人类文明史上都是令人惊诧的时代，第一次工业革命对各门科学的发展提出了迫切的内在需求。在数学科学中求运动过程中的即时速度、求曲线的切线等许多现实问题亟须解决。在这一历史背景下，莱布尼兹、牛顿各自冲破传统数学的禁锢，创立了微积分这一锐利无比的数学工具，并在许多领域大显神通。

与科学史上的许多创新理论类似，微积分虽然锐利异常，但其基础不严密的漏洞却客观存在，因为无论莱布尼兹还是牛顿所创立的微积分理论都建立在“无穷小”的基础上。无穷小究竟有多小，非零还是零？创立者本人在理解与运用中对这些问题也是含糊其辞，并没有严格界定。例如，牛顿在推导一些典型结论的过程中，第一步是用无穷小量作为分母进行除法运算，因此无穷小量不能为零；第二步是为了获得所需公式，又把无穷小量视为零而删除那些包含它的项。[①]显然，公式的数学推理过程在逻辑上难以自圆其说。无穷小量究竟是不是零？若为零，则必然不可作为除数参与运算；若不为零，自然就不能简单去掉包含无穷小量的那些项。根据亚里士多德的排中律与矛盾律，这个问题应该只能有一个答案：要么是零，要么不是零。因此，自微积分诞生之初就有人对无穷小一会儿是零一会儿又是非零的实用处理表示质疑。但是人们发现借助微积分能够非常便捷地解决众多疑难问题，因此数学界并不排斥而是非常乐意接受并参与研究这一创新思想。不过任何创新都不是一帆风顺的，逃脱不了各种

① 曹勇兵.数学史上的三次危机[J].中学数学教学参考，2004(9)：62-63.

理论学说发展的哲学逻辑。

乔治·贝克莱（George Berkeley，1685—1753年），主观唯心主义哲学开创者，读者可能对他说的“存在就是被感知”比较熟悉。1734年，贝克莱精准地抓住了微积分理论的软肋，讥讽无穷小量是忽隐忽现的“鬼魂”，对微积分展开激烈的口诛笔伐。数学史上把贝克莱对微积分的攻击称为“贝克莱悖论”。简而言之，贝克莱悖论可表述为“无穷小量究竟是否为零”的问题。该悖论提出后在当时的数学界迅速发酵，引起混乱，连牛顿、莱布尼兹都辩解不清，不得不保持沉默。由此导致第二次数学危机的产生。

从数学科学自身发展的角度看，微积分作为一种开创性数学方法，缺乏坚实的理论基础不足为怪，至少该理论实实在在的应用价值说明其存在的合理性，理论缺陷可以留给后人弥补。这在数学史上也并非没有先例，如《几何原本》的第五公设，对其缺陷欧几里得也应该有所察觉，甚至可能就是其本人有意设置的一个“遗憾”，因为他把第五公设写得非常啰唆并且难用。只不过当时欧几里得没有办法解决而已，这种缺陷也没有影响《几何原本》在数学史上的无上地位。事实上，对于微积分的基础，作为一个纯粹的学术问题，数学家们虽然心知肚明，但是难以立即弄清，只是由于贝克莱这位“上帝论”哲学家的介入，整个数学界不得不直面这一棘手问题。最终导致这一口舌之争超出数学而进入文化和宗教层面，使整个西方的宗教界、哲学界对这场表面上是数学实质上是文化的争论都给予了高度关注。[①]客观地讲，在发端于古希腊文化经过文艺复兴所逐渐形成的西方数学观念中，尊崇严密逻辑被置于无上地位。但是微积分理论对于无穷小量却是基于实用主义的“自由”想象。这种做法造成基督教哲学与微积分这一创新理论的对阵。贝克莱精准击中了无穷小运算的软肋，导致这场争论成为基督教哲学对微积分无穷小理论的打压与批判运动。这种争论一直持续到19世纪，100多年后法国著名数学家柯西及其后的魏尔斯特拉斯、戴德金、康托尔在实数理论上建立的极限理论为微积分理论奠定了严密的逻辑基础，这一混乱局面才得以暂时终结。

三、理发师悖论——第三次数学危机

悖论（paradox）也称逆论、反论，即自相矛盾的命题，原本来自希腊语para＋dokein，意思是“多想一想”。若认同其真，通过有序的逻辑推演，却又推出其为假命题；若认为其假，通过符合逻辑的推演，却又推出其为真命题。也就是说，若事件A发生，则可推导出非A；若非A发生，则可推导出A。悖论

① 董海瑞.漫谈数学史上的三次危机[J].太原大学教育学院学报，2007(6)：109-112.

在科学的各个领域都可能存在。就数学科学而言，与人们的直觉和日常经验相悖的数学结论可视为悖论，这些结论的认同或否定往往容易在逻辑上出现思维混乱。第一次数学危机源于毕达哥拉斯悖论，即承认“万物皆数”，结果$\sqrt{2}$不是“数”；第二次数学危机源于贝克莱悖论，无穷小究竟是否为零。数学史上的这两次危机都涉及数学科学的基础性问题，正所谓基础不夯实，庞大的数学科学体系就可能成为无根无基的空中楼阁、云中亭榭，西方数学家们经历了第二次数学危机的困扰后，充分意识到数学科学严密逻辑体系构建的重要价值。19世纪下半叶，康托创立著名集合论，终于使数学科学大厦平稳起地。数学界乃至整个科学界都沉浸在一片欢呼雀跃的氛围中，几乎所有的科学家都认为科学大厦的基础已经坚如磐石，数学科学的系统性与严密性也已牢不可摧。例如，英国物理学家开尔文（L.Kelvin）在1900年回顾物理学发展时说：“在已经基本建成的科学大厦中，后辈物理学家只能做一些零碎的修补工作了。”德国物理学家基尔霍夫（G.R.Kirchhoff）就曾经说过：“物理学将无所作为了，至多也只能在已知规律的公式的小数点后面加上几个数字罢了。”法国数学家庞加莱（Poincaré）在1900年的国际数学家大会上就曾兴高采烈地宣称：“借助集合论的概念，我们可以建造整个数学大厦。今天，我们可以说绝对的严格性已经达到了。”①

图 1-2

然而，仅仅过去两年多，庞加莱的绝对论就遭遇现实的无情，令数学界再次陷入两难窘境。英国哲学家伯特兰·罗素（Russel，1872—1970年，图1-2）向数学界空投了一个爆炸性论断:集合论并非绝对严格，是有瑕疵的！这就是著名的罗素悖论。罗素用一个形象生动的故事来阐述他的观点，即数学史上著名的理发师悖论。

某小镇来了一位理发师，他在店前写下这样的广告语：“本人理发技艺十分高超，深受顾客称道。我非常乐意为本镇所有不给自己理发的人理发，我也只给这些人理发。我热诚欢迎各位光临本店！”来找他理发的人摩肩接踵，络绎不绝，自然都是那些不给自己理发的人。突然有一天，这位理发师从镜子里看见自己的头发长了，他本能地拿起理发工具，却突然愣住了。谁来给我理发呢？他非常困惑纠结。如果他不给自己理发，他就属于“不给自己理发的人”，他就要给自己理发，而如果他给自己理发呢，他又属于

① 董海瑞.漫谈数学史上的三次危机[J].太原大学教育学院学报,2007(6):109-112.

“给自己理发的人”，他就不该给自己理发。

罗素悖论的数学表示为：S是由一切不属于自身的元素组成的集合，那么S包含S吗？该悖论的出现就好似静寂的深夜突然霹雳飞天，在当时的数学界与逻辑学界引起巨大震动，让本已认为高枕无忧的数学家们辗转难眠，数学界再次陷入不知所措的囧地。例如，G.弗雷格在即将出版的《算术的基本法则》第2卷末这样写道：“一个科学家所遇到的最不合心意的事莫过于，在他的工作即将结束时其基础崩塌了。在本书即将印出时，罗素先生的一封信将我置于这种境地。”[①]这就是西方数学史上的第三次数学危机。

罗素悖论一针见血地指出了康托朴素集合论的缺陷。与第二次数学危机中的上帝论者贝克莱不同，罗素作为一位哲学家、逻辑学家，并不排斥集合论，只是希望数学家弥补疏漏，夯实数学基础。在罗素的推动下，数学家们纷纷从不同角度提出解决方案。例如，策梅罗、诺伊曼等人通过排除罗素悖论改造康托集合论的方法建立了公理化集合系统，对康托朴素集合论的缺陷进行了有效弥补，从而顺利化解了第三次数学危机。

四、结语

数学史上三次危机的产生与化解有力推动了数学科学的发展进程。在第一次数学危机之前，古希腊数学大多是在毕达哥拉斯“万物皆数”的哲学体系下所获得的发展，对数学的研究也大多是寻找“万物皆数”的实证资料。危机的产生则源于对“万物皆数”的批判，虽然这种批判付出了代价，但使古希腊人的数学认知冲破了毕达哥拉斯的哲学体系，促成了逻辑思辨与公理几何的诞生。第二次数学危机的产生则是由于微积分这一创新的数学工具的出现，虽然微积分表现出锐利无比的功能，但由于基础性问题认识混乱，导致宗教文化界对数学创新的批判，这种批判并没有削弱微积分的数学地位，而是表现出更为强大的生命力，数学家在不断反思、自我修正漏洞的过程中使分析数学的理论基础更为完善，并直接推动了集合论的创立。第三次数学危机则是源于对康托集合论基础的反思，虽然集合论近乎完美，但是，正如万事万物无十全十美一样，对集合论的深刻反思促进了数学界对数学基础性问题研究的重视，这种重视直接推动了数理逻辑的发展与一批现代数学的产生，从而深刻影响了整个数学科学的发展。一言蔽之，传承与反思、批判与创新的数学文化发展脉络促进了数学科学的蓬勃发展。

① 董海瑞.漫谈数学史上的三次危机[J].太原大学教育学院学报,2007(6):109-112.

第二节　从欧几里得到罗巴契夫斯基

它是一部关于事物秩序之书，空间理性的黑夜之书；一部想探索上帝存在的形式之书；一部想建立生活秩序的书；一部描述原子形态的书；一部想找到宇宙“本基”之书；一部为了研究上帝的本性和行为以及上帝安排宇宙的方案的书。它是物质世界甚至精神世界的表述方式，是对宇宙的一种解释。这正是支持欧几里得创作《几何原本》的精神。

——欧几里得．几何原本[M]．燕晓东，译．南京：江苏人民出版社，2011.

一、欧几里得与《几何原本》

徜徉于广袤无垠的人类文化史，在这个世界上流传最广、意义最深远的两部经典图书应是《圣经》与《几何原本》。《几何原本》是公元前3世纪欧几里得的著作，后续两千多年来的其他数学名著都无法与之媲美，因此被誉为“数学的圣经”。爱因斯坦曾说：“如果欧几里得未能激发起你少年时代的科学热情，那么你肯定不会是一个天才的科学家。”①

欧几里得（图1-3）是古希腊亚历山大学派前期的三大数学家之一（其他两位是阿波罗尼斯与阿基米德），约公元前330年出生于雅典，早年求学于柏拉图学园，30岁左右开始崭露风采，古埃及托勒密王朝建立后，亚历山大城被建为古希腊文化中心，欧几里得在托勒密国王盛邀下被聘为亚历山大学院主任教授，专业从事数学教学与研究工作，编写了巨著《几何原本》。

图　1-3

《几何原本》共13卷，合467个数学命题，主要包括平面几何、立体几何、数论及比例论等内容，整部著作始于23个基本定义，同时列置五条公设和五条公理。《几何原本》以逻辑序列排列命题，并严格证明。《几何原本》不仅传承了古希腊早期的许多几何学理论，还几乎囊括了希腊古典时期的全部数学内容。欧几里得运用公理化方法，通过开创性的系统整理和完整阐述，创建了数学科

① 李忠．数学的意义与数学教育的价值[J]．课程·教材·教法，2012(1)：58-62.

学演绎体系，从而使这些远古数学思想熠熠生辉、发扬光大。

《几何原本》是数学科学公理化演绎的最早典范，不仅深刻影响数学的发展，还对哲学等许多论著的阐述手法产生了巨大影响，被翻译成世界各国文字，先后再版超过1000次，其手抄本也流传了1800多年，现行各国中学几何教材基本还是仿照法国数学家拉格朗日改写本改编而成的。

虽然《几何原本》在数学发展史上的功勋地位不可撼动，但由于古希腊时代人类的认知局限，《几何原本》虽然追求严谨逻辑，但也存在基础不甚严密之处。例如，《几何原本》中有些定义含糊其词。点、线、面没有明确数学含义；再如，欧氏用图形的重合法证明两个三角形全等，实质默认了图形从一处移动到另一处时所有性质保持不变，但要假定移动图形不改变性质就要对物理空间假定很多条件。实际上，欧几里得对这种方法是否完美无缺也是不太放心，因为在其后的论述中，能够用重合法给出更简单证明的命题，欧几里得却总是回避使用该方法。另外，在欧氏的一些假定中，还包括直线与圆连续性假定等。① 即是说，追溯欧氏几何推演的逻辑原基，一些认识依然建立在直观基础上，其逻辑严密性并非至臻至美，而是存在美中不足之处。追求完美是数学研究的价值指向，因此，有不少数学家试图通过改造欧氏几何的公理系统来消解这一隐患。研究者的目光逐渐地聚焦到第五公设："当两直线被第三直线所截，若同侧两内角之和小于两直角，则将两直线向该侧方向适当延长后必定相交于某一点。"从该公设可推出一个基本命题："三角形的内角和等于180°。"

对于第五公设，客观上确实很容易让研究者产生疑惑。对于一位追求完美逻辑的数学大师来说，把这个公设写得冗长啰唆、含义不清，难道是找不到一个等价的简洁命题替代吗？事实上后人研究出许多简洁的替代命题。或许欧几里得是有意为之，因为前面四个公设写得非常简洁，而这个公设成为另类，并且在后面的定理证明中很少用到（只用过一次）。由于在欧几里得之前，人们的认识一旦触及无限问题就会纠缠不清，出现许多烧脑悖论，若把第五公设写成诸如"过直线外一点有且仅有一条直线与已知直线平行"之类的说法，在当时的学术环境下容易导致质疑与纠缠。因此，在这一点上，欧几里得的处理恰恰体现了一个数学大师的高瞻远瞩与独特手法。他把平行公理拐弯抹角地叙述成第五公设的那种说法，实际上是恰好回避了无限远空间的事情，同时给后人改造或补漏设置了一个巧妙的线索暗示。

从古希腊时代到19世纪初，第五公设始终困扰着一代又一代的数学家，人们对第五公设的研究总体上有两种思路：一种是承认该公设的逻辑地位，但由于结论叙述得冗长啰唆，应设法用更简洁的命题来替换，另一种思路是重整公

① [美]莫里斯·克莱因.古今数学思想(第一册)[M].邓东皋，等译.上海：上海科技出版社，2014：71-72.

设系统，把第五公设从公设系统中剔除，即设法运用其他公理推导出第五公设，从而把其变更为一个普通定理。沿着第一种思路，数学家们的研究持续了很长时期，不断出现新的替代命题，比较有代表性的有：芬恩（Joseph Fenn）在1769年提出的“两相交直线不能同时平行于第三条直线”；1795年普莱费尔（John Playfair，1748—1819年）提出的“通过不在直线m上的一定点P，在P与m的平面上只有一条直线不与m相交”，或者说“过直线外一点，有且只有一条直线与该直线平行”。这些替代命题都比较简洁。现在各国教科书通常采用普莱费尔的命题替代第五公设，通常称为平行公设。①

另一种思路是试图从理论上推证第五公设，推导思路可以用直接或间接方法。一些数学家发现直接证明行不通，自然想到用反证法，即假定第五公设或等价命题不成立，试图由此推出矛盾，但是推演结果不仅没有达到预想，而且导致一系列与人们的现实经验不相符的奇谈怪论。尤为关键的是，这些奇谈怪论并没有形成丝毫逻辑上的矛盾。一些思维大胆、目光敏锐的数学家隐隐意识到：几何学不一定只有欧几里得创建起来的那一种，从任何一组没有矛盾的前提出发，都有可能推演出新的几何系统。

关于新几何系统存在的可能性，值得一说的是数学界的北斗泰山高斯的贡献。虽然高斯被公认为牛顿以后的“数学家之王”，但是他似乎缺少了欧拉开创新理论时勇担风险的底气，也似乎缺少费马“武断”猜测的大胆。他过于追求数学的严谨，不管做什么工作都要琢磨修饰，既要求达到完美，又苛求证明最大限度地简明而严密。因此，虽然他对非欧几何有着深入的研究，据说他早在15岁时已有非欧几何的思想萌芽，并陆续获得许多重要结果，但直到1817年才树立起非欧几何的坚定信念。他甚至亲自测量布罗肯山、霍赫海根山与因瑟尔山三座山峰构成的三角形的内角之和。由于他的风格过于严谨，并没有发表过关于非欧几何的著作。早在1829年写给朋友贝赛尔的信中，高斯就确认平行公理是不能在欧几里得其他公理基础上证明的。他已经发现，如果假定三角形的内角和小于180°，就会推演出一种与传统几何学大相径庭的几何系统，新的系统可以解决任何问题。并说，他永远不愿意发表这方面的研究成果，因为担心受人耻笑。②实际上，高斯不愿意发表其研究成果可能还有一个深层原因。他深知欧氏几何在世人心目中的神圣地位，提出与欧氏几何背道而驰的逻辑系统很可能会遭到当时教会力量的拍砖砸瓦。在他看来，这种自毁名声的做法得不偿失。因此，高斯退却了，这一退却无疑成为这位“数学王子”辉煌一生的遗憾。另外还有一位同时代的匈牙利数学家鲍耶·雅诺什，他也发现了非欧几何的存

① 彭林.非欧几何的由来[J].中学数学教学参考，2014(5):62-64.

② [美]莫里斯·克莱因.古今数学思想(第三册)[M].邓东皋，等译.上海:上海科技出版社，2014:51-54.

在。但据传其父亲沃夫冈·法尔卡什·鲍耶是高斯的大学同学。当他向父亲谈起非欧几何时，他的父亲曾极力劝其不要耗费精力做劳而无功的蠢事。但这位年轻的数学家不听劝阻，坚持不懈，最终在1832年通过他父亲的一本著作以附录形式发表了一篇26页的论文《关于一个与欧几里得平行公设无关的空间的绝对真实性的学说》。①

二、罗巴切夫斯基与非欧几何

非欧几何的创建者一般认为是罗巴切夫斯基（Никола́й Ива́нович Лобаче́вский，1792—1856年）与波尔约（Bolyai）。由于罗巴切夫斯基敢于向传统公开挑战，具有“追求真理需要的特殊勇敢”，因而数学史上更多人倾向于把非欧几何的贡献留给他。罗巴切夫斯基是俄国喀山大学教授、数学物理系主任。他从1816年开始沿着前人的思路潜心于第五公设的研究，虽然他尝试证明但很快发现思维过程似乎无法挣脱循环论证的泥塘。于是他转变研究思路，反其道行之，提出一个假设：过直线外一点不止一条直线与已知直线不相交。

罗巴切夫斯基从该假设出发，试图推出矛盾，但是却推导出一系列前后连贯却无逻辑矛盾的命题，这些命题与欧氏几何的逻辑体系完全相悖，也违反人们的“常识”。罗巴切夫斯基敏锐地意识到，几何系统并不只有欧几里得建立的那种。虽然罗巴切夫斯基清楚公开新系统会动摇欧氏几何在西方哲学、数学中神圣不可侵犯的权威，甚至可能带来难以预知的后果，但是他依然表现出一位数学家骨子里顽强坚韧的科学精神，在1826年2月23日喀山大学物理—数学学术会议上，他义无反顾地宣读了论文《简要叙述平行线公理的一个严格证明》，直面挑战被称颂为“几何学经典”的欧氏几何。正如罗巴切夫斯基预想的那样，论文的公开发表立即遭到保守势力的攻击、侮辱与谩骂。科学院拒绝接纳他的论文，大主教宣布其学说为“邪说”，有人甚至在杂志上骂他是“疯子”，许多权威也称他的论文是“伪科学”，是一场“笑话”。面对扑面而来的种种攻击与非难，罗巴切夫斯基毫不畏惧，勇往直前，为自己的学说奋斗终生。②

罗氏几何与欧氏几何的本质区别在于二者的平行公理不同，在我们通常的直观认知中：过直线外一点只可引一条直线与已知直线平行。这一认识是欧氏几何的推演基础，但是当认识范围扩大到超出我们的直观经验之外，在更广泛的平面范围内是否依然成立？在欧几里得时代人们讨论的问题涉及无限时就会争论不休，欧几里得的高明之处是巧妙回避了他那个时代难以弄清楚的问题，而罗巴切夫斯基则完美解决了这一问题。

为了更通俗地理解罗氏几何，我们可设想圆内有一弦 a 及弦外一点 A，过 A

① 张文俊．数学欣赏[M]．北京：科学出版社，2011：170.

② 彭林．非欧几何的由来[J]．中学数学教学参考，2014(5)：62-64.

而不与a相交的弦显然至少有两条b与c（事实上有无数条），当圆的半径无限增大时，可以把这样的圆想象成一个平面，此时，弦a，b，c也无限增大，可以把它们想象成直线，如图1-4（a）所示。如此理解，直线b，c与a均无交点，或者说过直线a外一点A，就至少有两条直线b，c与a平行，这样便构造出罗氏几何的直观模型。

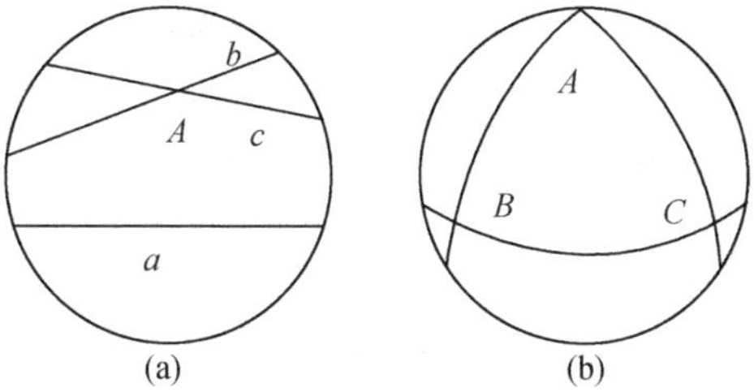

图　1-4

看到这里，读者可能会有一个疑问：在欧氏几何中三角形内角和等于180°，而在罗氏几何中三角形内角和小于180°，三角形内角和是否可在某种情况下大于180°呢？事实上，非欧几何还包括黎曼几何。黎曼（Bernhard Riemann，1826—1866年）是高斯的关门弟子，思想更加开放，思维更加活跃。他的成就之一就是被列为千禧年七大难题之一的“黎曼猜想”，对当今数学科学发展的影响巨大。

在对第五公设的研究中，黎曼先否定平行公设，假设平面内不存在平行直线，或者说“过平面内已知直线外的一点，不可能引任何直线与已知直线平行”，基于这一假设前提，黎曼推演出另一种几何系统。黎曼几何的模型类似于球面，如图1-4（b）所示。在这一系统中，三角形内角和大于180°。由于罗氏几何的认识基础，黎曼几何诞生后没有遭到那么多非议。直至几十年后，德国数学家克莱因对非欧几何给出统一的合理解释，把欧氏几何称为“抛物几何”，罗氏几何称为“双曲几何”，黎曼几何称为“椭圆几何”。直到此时，非欧几何的思想才得到数学界的广泛认同。

非欧几何的创立大大发展了几何学的研究对象，从根本上转变了人们对几何学甚至对整个数学科学研究的看法。对非欧几何产生的深层分析，其影响不仅限于几何学与数学，实质上还涉及罗巴切夫斯基所处时代的哲学斗争。在那个时代，康德的不可知论在哲学中占据统治地位。按其观点，客观世界是存在的但却不可知，几何知识只能是人心创造，与客观世界毫无关联。罗巴切夫斯基用其坚定的唯物论观点驳斥康德的唯心论，打破了两千多年唯心的形而上学的空间观念，把几何学从传统哲学束缚中解放出来，因而有着非常重要的认识论意义。因此，非欧几何的发现史实质也是唯物主义和唯心主义在几何学中的一段斗争史。①

---

① 吴光磊.非欧几何的创立[J].数学通报,1956(2):2-5.

第三节 从勾股定理到费马猜想

昔者，周公问于商高曰：“窃闻乎大夫善数也。请问古者包牺立周天历度，夫天不可阶而升，地不可得尺寸而度，请问数安从出？”商高曰：“数之法出于圆方。圆出于方，方出于矩，矩出于九九八十一。故折矩以为句广三，股修四，径隅五。既方其外，半之一矩。环而共盘，得成三、四、五。两矩共长，二十有五，是谓积矩。故禹之所以治天下者，此数之所生也。”

——算经十书[M].钱宝琮，校.北京：中华书局，1963.

人类文化发展之路广远而深邃。勾股定理，对当今中学生来讲可谓数学基本常识。若a、b是直角三角形的两直角边，斜边为c，则有$a^2+b^2=c^2$。满足勾股定理的正整数组称为勾股数组。

该定理沟通了数与形这两个数学科学基本研究对象之间的内在关联，内容简洁，证明多样，应用广泛。2000多年来，在不同的历史时期都会涌现突破性研究成果，因此，有人称其为“几何学明珠”，也有人尊其为“千古第一定理”。在西方科学界，该定理称为毕达哥拉斯定理，因为发现者被认为是古希腊的毕达哥拉斯。然而据考证，早在公元前1700多年，古巴比伦人就可能已发现这一定理。①

因此，在西方数学史上，该定理的发现极有可能不是毕达哥拉斯，但其逻辑证明却有可能是毕达哥拉斯完成的，因为在他所处的时代，古希腊人已经具有逻辑论证的思想，如之前的泰勒斯（Thales，约公元前624—前547年）就证明了平面几何中的若干命题。②但是遗憾的是，并没有确切史料表明该学派能够进行严格的数学证明。

我国古代数学著作《周髀算经》（公元前1世纪）曾记录西周开国初期商高与周公的一段置于本节文首的对话“周公问数”。该段文字最核心的表述是：当直角三角形的两条直角边分别为3（勾，短边）和4（股，长边）时，径隅（即弦）则为5，并且还指出大禹早就知晓。现在人们通常把这个事实简说成“勾三股四弦五”。根据李超教授的考证，赵爽在《周髀算经注》给出的“弦图”，本

① 吴新培.探究数学史中的勾股定理的证明[J].中国校外教育，2019(12)：121-123.

② 蔡天新.数学简史[M].北京：中信出版集团，2019.

质上属于对上述文字的图形注解与直观证明。也就是说，商高已经能利用“弦图”来证明一般的勾股定理，这要比西方早五百多年。我们也可自豪地称勾股定理为商高定理。①

一、勾股定理的证明

对勾股定理的研究首先是其逻辑证明。在西方数学史上，证明最早见于欧几里得的《几何原本》。自欧几里得证明之后，该定理千百年来获得数学爱好者的持续关注。或许是因为勾股定理既重要又简洁，更容易吸引大众，许多人研究其证明方案乐此不疲，包括著名数学家、业余数学爱好者、普通百姓、权贵政要，甚至国家元首。有资料表明，关于勾股定理的证明方案已达500余种。李迈新在2016年精选了365种证法汇集成书《挑战思维极限：勾股定理的365种证明》，其中一些证法着实令人脑洞大开。这里仅介绍几种经典的证明方案。

（一）毕达哥拉斯证法

传说中的毕达哥拉斯采用了一种剖分法来证明，如图1-5所示。

根据证图，边长为$a+b$的正方形的面积等于四个直角三角形的面积与一个以斜边c为边长的正方形面积之和。根据

$$(a+b)^2=c^2+4\times\frac{1}{2}ab$$

即得：

$$a^2+b^2=c^2$$

（二）欧几里得证法

这是一个纯几何的巧妙证明方法，源于《几何原本》第一卷命题47，如图1-6所示。有人把这个图形形象地称为“新娘的轿椅”，也有人幽默地称其为“僧人的头巾”。有兴趣的读者不妨自己考虑证明的细节。

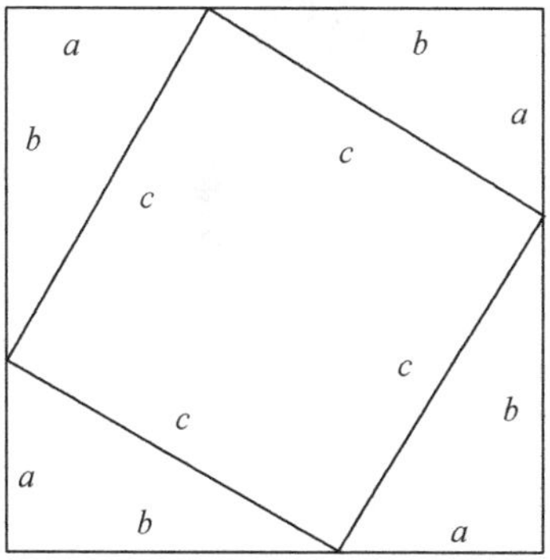

图 1-5

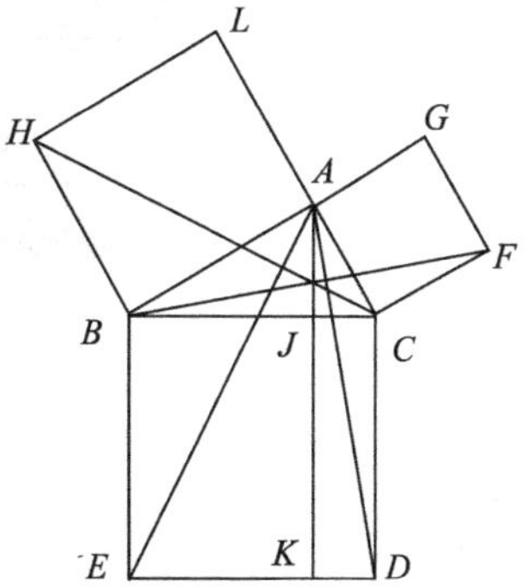

图 1-6

① 李超.勾股定理最早证明新考[J].韶关学院学报，2006(10)：1-4.

（三）赵爽证法

赵爽（三国时期吴国人）在《周髀算经注》中提出并严格证明了勾股定理的一般形式，定理的证图如图1-7所示。图中有1个小正方形及4个直角三角形，它们面积之和正好与大正方形$ABCD$的面积相等，即

$$(b-a)^2+4\times\frac{1}{2}ab=c^2$$

化简便得：
$$a^2+b^2=c^2$$

2002年，在北京举办了第24届国际数学家大会，会上颁发了四年一度的数学界最高奖——菲尔兹奖，获奖者是法国高等科学研究院的劳伦·拉福格和美国普林斯顿高等研究院的符拉基米尔·弗沃特斯基。这届大会的会标就采用了赵爽的弦图。①

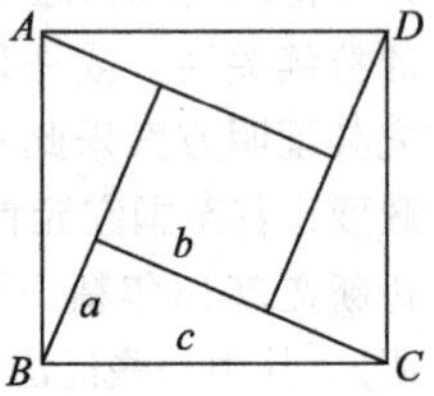

图 1-7

（四）刘徽证法

刘徽在《九章算术注》中也给出勾股定理的一种证法："勾自乘为朱方，股自乘为青方，令出入相补，各从其类，因就其余不移动也。合成弦方之幂，开方除之，即弦也。"②寥寥几十字便清晰描述了勾股定理证明。但遗憾的是，刘徽的证图已经失传。后人根据其"出入相补"术推测了各种可能的证明。

美国学者达纳·麦肯齐在其专著中推测出一种证图，如图1-8（a）所示。将其与中国古老的七巧板联系起来。不过这种推测可能并不能令人信服。图1-8中给出的辅助线难以给人简洁之感，与刘徽本意似乎不太相符。③

不过笔者发现另外一种证明推测可能更具欣赏性，如图1-8（b）所示。该证图简洁明了，似乎更加符合刘徽"出入相补"之意。

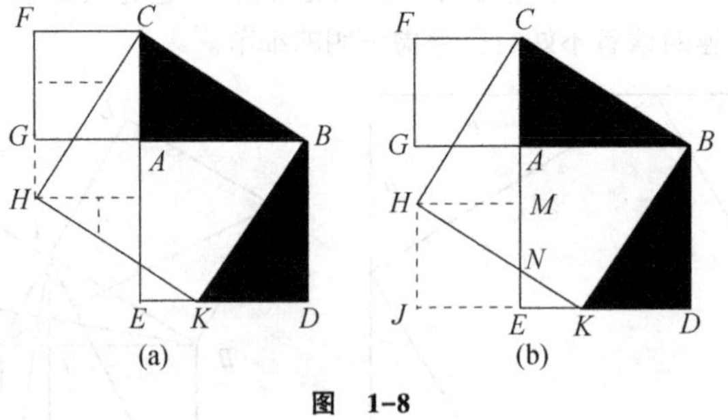

图 1-8

① 张奠宙.数学国际合作的曲折与进步[J].科学，2002(4)：5-8.

② 张昆.勾股定理在中国的早期证明研究[J].合肥师范学院学报，2018，36(6)：13-16.

③ 达纳·麦肯齐.无言的宇宙——隐藏在24个公式背后的故事[M].李永学，译.北京：北京联合出版公司，2018：38.

证明思路如下：

从直角△ABC的三边向同侧方向作正方形$ABDE$、$ACFG$、$BCHK$，HK交AE与N。过H点作AE垂线HM，垂足为M，过H点作DE的垂线HJ，交DE延长线与J。则容易知道△BKD、△BCA、△CHM、△KHJ全等，正方形$ACFG$、正方形$EMHJ$也全等，如图1-8（b）所示。

$$\begin{aligned}S_{\text{正方形}BCHK}&=S_{\triangle CHM}+S_{\triangle HMN}+S_{\triangle ABC}+S_{\text{四边形}ABKN}\\&=S_{\text{四边形}HJEN}+S_{\triangle EKN}+S_{\triangle HMN}+S_{\triangle BDK}+S_{\text{四边形}ABKN}\\&=S_{\text{正方形}EMHJ}+S_{\triangle EKN}+S_{\triangle BDK}+S_{\text{四边形}ABKN}\\&=S_{\text{正方形}EMHJ}+S_{\text{正方形}ABDE}\end{aligned}$$

因此，

$$c^2=a^2+b^2$$

二、勾股定理的代数学研究

对勾股定理研究的另一个方向则超越了纯几何范畴。追溯源头，还应归功于毕达哥拉斯学派的探索。毕达哥拉斯明确地给出了勾股数的一组公式：[①]

$$\begin{cases}a=\dfrac{1}{2}(m^2-1)\\b=m\\c=\dfrac{1}{2}(m^2+1)\end{cases}\quad(m\text{为正奇数})$$

从数论角度看，毕达哥拉斯给出的上述勾股数公式实质可理解为不定方程$x^2+y^2=z^2$的一般正整数解。不过，该公式给出的并非通解，而是"素勾股数解"（即勾股弦互素的解），并且公式中的弦比股大1。因此，该公式也没有给出所有的素勾股数解，如12，35，37；48，55，73等就不在其中。

其后的柏拉图学派也给出类似公式如下。该公式中弦比股大2，也就是说，柏拉图也没有给出素勾股数通解。

$$\begin{cases}a=\dfrac{1}{4}m^2-1\\b=m\\c=\dfrac{1}{4}m^2+1\end{cases}\quad(m\text{为偶数})$$

先于柏拉图学派的欧几里得所给的整勾股数公式如下。

① 张文俊.数学欣赏[M].北京:科学出版社,2011:102-103.

$$\begin{cases}a=\sqrt{mn}\\ b=\dfrac{m-n}{2}\\ c=\dfrac{m+n}{2}\end{cases}$$（m，n的奇偶性相同，并且mn为完全平方数）

稍加思考容易发现，该公式包含了毕达哥拉斯学派和柏拉图所给公式，显然要优于前两组公式。

古希腊数学家、被后人尊为“代数学鼻祖”的丢番图（Diophantus，约246—330年）在研究二次不定方程时，发现前人的公式存在不完美之处，对勾股数作了进一步研究，找到一种新的独特方法：如果m、n是两个正整数，且$2mn$是完全平方数，则

$$\begin{cases}a=m+\sqrt{2mn}\\ b=n+\sqrt{2mn}\\ c=m+n+\sqrt{2mn}\end{cases}$$

这组公式可谓至臻至美，因为这组公式包含了全部的勾股数组。一千多年后，费马（Pierre de Fermat，1601—1665年，图1-9）的灵感就来自丢番图在其著作《算术》中描述的这组公式。

图 1-9

值得一提的是，我国魏晋时期与丢番图同代的数学家刘徽在公元263年的著作《九章算术注》中，曾用几何方法严格证明了一组来源于《九章算术》的求勾股数的公式如下。①

$$\begin{cases}a=\dfrac{1}{2}(m^2-n^2)\\ b=mn\\ c=\dfrac{1}{2}(m^2+n^2)\end{cases}$$（m，n为同奇偶数的正数，并且$m>n$）

上述公式的大美之处是给出了全部勾股数组，并且形式简单。这个公式也是勾股数组研究中最好的成果。关于素勾股数的统一表达，一般是采用下列公式。该公式是后来欧拉证明“$x^4+y^4=z^4$无正整数解”的理论基础，据说是公元7世纪印度数学家首先提出的。

$$\begin{cases}a=m^2-n^2\\ b=2mn\\ c=m^2+n^2\end{cases}$$（m，n互素，且奇偶性不同）

① 徐传胜，范广辉．整勾股数和《九章算术》[J].咸阳师范学院学报，2011(6)：80-85.

至此，不定方程$x^2+y^2=z^2$的研究终于告一段落。正如毕达哥拉斯无法预知勾股定理对后世数学的影响，可能丢番图本人也没有意识到他的这一研究对后世数学发展所形成的强大推力。其后的一千多年间，西方数学缓步前行。进入17世纪，西方整个科学领域突然迅猛发展，数学科学的发展也踏入一个“前无古人后无来者”的伟大时代，勾股定理再次闪亮登场。

法国数学家费马的主业是律师，却对数学研究偏爱有加，他业余研究数学，但没有功利性仅凭兴趣。他习惯看书批注，但取得的成果往往具有开创性，因此许多成果都是在他去世后由他儿子整理汇编而成的。费马对数学的贡献涉及解析几何、微积分、概率论、数论等领域。据传，费马在街头小书摊上看到丢番图的《算术》，如获至宝，在关于毕达哥拉斯三元组内容的页边空白处用拉丁文写下一条名垂青史的批注。

不可能将一个数的立方写成两个数的立方之和，也不可能将一个数的四次方写成两个数的四次方之和；除二次方外，两个数的任何次方的和都不可能等于第三个具有同次方的数。我对该命题有一个十分美妙的证明，但是该书的页边太窄，写不下。[①]

费马的这段笔记，用符号语言来表述就是：

形如$x^n+y^n=z^n$的方程，当$n>2$时，找不到一组正整数解。

在数学科学中，严格地讲，自欧几里得以来，猜想与定理的界限还是非常明确的。费马的这个结论究竟属于猜想还是定理，也只有他本人知道。他儿子发现这一批注后，曾翻箱倒柜试图寻找“奇妙证明”但始终无果。从后世的研究看，费马当初可能并不拥有一个一般性的证明，而是与数学界讲了一个大师级的幽默。换一个角度讲，即使费马拥有并公开证明，那么数学界对这个结论的关注或许就会戛然而止。正是由于该结论的内容简单而证明未知，吸引后世很多数学家的兴趣，希望解决费马留下的悬念，但一直未能成功。于是，一些研究者觉得该问题并非想象中的那样简单，退而求其次采用特殊化策略进行探索：数学大师欧拉先后证明了$n=4$、3时，$x^n+y^n=z^n$无正整数解。欧拉的研究激发了数学家的探索热情，陆续有人给出$n=5$与$n=7$的证明，甚至有位数学家把n的值推进到100。

300多年来，数学家们一直希望能找到该猜想的一般证明，却都无功而返，试图否定它，又不能举出反例。1900年，德国数学家希尔伯特认为费马猜想是

① 王丹华，杨海文. 费马大定理获证历程及其启示[J]. 井冈山学院学报(自然科学版)，2007(2)：53-55.

当时最难的23个数学问题之一。1908年，德国哥廷根科学院根据德国数学家俄尔夫斯开耳遗嘱，在全世界范围内征求费马猜想解答，并用其贡献的10万马克作为证明奖金，期限为100年。由此可见，费马猜想在西方数学史上地位的不同寻常。英国数学家安德鲁·怀尔斯在1995年最终证明了费马猜想，证明报告长达100页。费马猜想也最终成为货真价实的数学定理。

关于“$x^4+y^4=z^4$无正整数解”的证明，1678年与1738年莱布尼兹和欧拉各自独立证明，欧拉采用了“无穷递降法”（这是费马本人发明的，那费马确实有可能证明猜想的特殊情形）。欧拉也不是直接证明，而是先证明“$x^4+y^4=z^2$无正整数解”。后来欧拉进一步采用该法证明了$n=3$时的费马猜想。值得指出的是，最终攻克费马猜想的思维路线很有意思。1983年，仅28岁的德国数学家法廷斯把猜想先转化为“$x^n+y^n=1$”，当$n>2$时，没有正有理数解，再把这个问题转化为几何问题，即平面曲线$x^n+y^n=1$上是否存在正有理点问题（即纵横坐标都是正有理数的点），从而最终转化为椭圆曲线问题。而椭圆曲线正是安德鲁·怀尔斯的研究强项。1995年5月，安德鲁·怀尔斯在世界著名数学杂志《数学年刊》（*Annals of Math*）上正式发表了他的研究成果，占了该刊一整期的篇幅。并因此获得菲尔兹数学奖，成为20世纪最伟大的数学家之一。①

读者看到这里可能会问：解决一个数学难题究竟有什么用？既看不到经济价值，也可能在数学里不会产生广泛的运用。我们现在可能看不到费马定理广泛的运用价值。哥德巴赫猜想即使将来被证明，也可能仅仅是一个不能产生广泛应用价值的数学定理。但是，数学家为什么要趋之若鹜，甚至耗费毕生精力，最终还可能抱憾终身？试问一个体育健将打破世界纪录有什么用？体育健将打破世界纪录固然存在为国争光的充分理由，当五星红旗在赛场上高高飘扬时，我们每个炎黄子孙都会产生民族自豪感。但放眼整个人类来说，用处又在哪儿呢？这是对人类身体极限的挑战。身体有极限，而智力是无极限的。数学难题正是对人类智力的挑战。而且，可能更重要的是，在挑战一个数学难题的过程中，经常可以派生出问题研究的“副产品”，可能是一个新的方向，可能意味着一个新的学科。事实上，数学科学中“理想数论”这一崭新的数学分支得益于费马猜想的探索，哥尼斯堡七桥问题成为图论的源头，梅森素数的研究也推动了计算机技术的革命。

① 张文俊.数学欣赏[M].北京：科学出版社，2011：194-200.

第四节　从周易八卦到二进制数

0象征着先行在天地之间创造的虚无……（创世的）等一日之初存在1，即神。第二日之初，则有天与地存在。这是第一日创造的结果。最后，第七日之初，便有一切存在。这就是最后的事物最完美的理由，而且，7不用0可以被写成｜｜｜（二进制表示）的缘故。我们只有通过这种借助0与1记数的方法，才能理解第七日的完美性……并且在这时那个（7与｜｜｜）特性与三位一体联系在一起，这是应当予以注意的。

——张祖贵.百科全书式的数学大师：莱布尼兹的故事[M].南宁：广西教育出版社，2004：99-100.

上述文字阐述了莱布尼兹（Gottfried Wilhelm Leibniz，1646—1716年，图1-10）二进制独特的计数制度，据传首现于1701年正在北京传教的法国耶稣士会牧师鲍威特（Joachim Bouvet，1662—1732年）收到的莱布尼兹的一封来信中。

图　1-10

与其他许多数学家不同的是，莱布尼兹堪称是一位百科全书式学者，涉猎政治学、法学、神学、哲学、历史学、语言学等诸多学科，所以他思考问题常常能在不同学科之间自由驰骋。作为一位数学家，他不仅在微积分领域作出开创性贡献，还发明了二进制。众所周知，二进制是计算机运算基本机理，而计算机则被视为第三次科技革命的重要标志。因此莱布尼兹的发明对计算机科学的发展乃至人类的科技发展都至关重要。

一、二进制数的产生

二进制用0和1两个数码来表示，基数为2，进位原则是“逢二进一”，退位原则是“退一当二”。该计数制度本质上与十进制原理是一致的。为了阐明二进制的重要性，莱布尼兹甚至从宗教层面给予解释。在闻名全球的德国图灵根郭塔王宫图书馆一直保存着一份珍贵的莱布尼兹手稿。

“1与0，一切数字的神奇渊源。这是造物的秘密美妙的典范，因为一切无非都来自上帝。”

据传，莱布尼兹向鲍威特阐述二进制观点后，在1703年4月收到鲍威特从北京的回信。鲍威特向其告知二进制记数法与中国古代的“伏羲八爻”的排列顺序相同。鲍威特还随信附上伏羲六十四爻排列示图。莱布尼兹对该图研究几天后，向法国科学院递交了一篇研究论文《关于仅用0与1两个记号的二进制算术的说明，并附其应用以及据此解释古代中国伏羲图的探讨》，并发表在法国《皇家科学院院刊》。[①]在这篇论文中，莱布尼兹阐明了二进制与古老中国八卦内在的一致性，并认为自已破解了几千年前古老中国的《周易》之谜。也有一种说法，是他看到伏羲六十四爻排列示图后获得启发，提出了二进制记数法。更有另一种说法，因为莱布尼兹在给鲍威特的进一步回信中曾说20多年前（即1679年左右）就已经考虑二进制问题，但是在1679年之前欧洲大陆就已经有关于八卦图的译本书籍公开出版，也就是说，莱布尼兹早就见到过易经图。无论是哪种说法，客观上讲，莱布尼兹的二进制与伏羲八爻的内在关联是毋庸置疑的。有人借西方学界的普遍共识否定八卦与二进制的实质性关系的观点是有失偏颇的。我们不应该用西方学者共识抹杀我们祖先在人类文明发展中的巨大贡献。科学的发展往往面临着某种现实的需要。莱布尼兹发明二进制也没有预测到它在计算机运算中的强大功能，而是从逻辑运算角度诠释其价值，或从神学角度欣赏“7”的完美，而我们祖先发明伏羲八卦，也难以预测其与数学科学的内在关联，因为十进制数字系统实用、完善。

二、《周易》与二进制数

图 1-11

《周易》包括本文和解说两部分，本文内容称为“经”，解说部分称为“传”。“经”由64个“卦”组成，每个卦由“阳爻”与“阴爻”两种符号排列而成。“— —”叫“阴爻”，“—”叫“阳爻”，两种爻合称“两仪”。《周易》有言：太极生两仪，两仪生四象，四象生八卦。若每次取两个符号，则会得到四种排列，称为“四象”；若每次取三个符号，则会得到八种（2^3）排列，称为“八卦”；若每次取六个符号，则会得到64种（2^6）排列，称为“64卦”。《周易》先天八卦图如图1-11所示。

根据二进制数字规定：有，用1表示；无，用0表示。也可借助电路的通电与断电状态（这是二进制广泛应用于计算机计算的本因）理解二进制，从而对八卦中的两仪获得类比理解：阴爻为“断态”，用0表示；阳爻为“合态”，用

① 张祖贵.百科全书式的数学大师：莱布尼兹的故事[M].南宁：广西教育出版社，2004：98-100.

1表示。因此，可以用两个二进制数字来表示一个卦符。例如，离，其卦符是阳阴阳。对应的二进制数是101；坎，对应的二进制数是010。下面按照这种方法自左向右依次写出八卦中各卦对应的二进制数，如表1–1所示。

表1–1 八卦与二进制数

卦名	卦符	二进制数
坤	阴阴阴	000
艮（gěn）	阴阴阳	001
坎	阴阳阴	010
巽（xùn）	阴阳阳	011
震	阳阴阴	100
离	阳阴阳	101
兑	阳阳阴	110
乾	阳阳阳	111

从表1–1可以看出，阳爻用数码1表示，阴爻用数码0表示，就可以实现各种卦名与二进制数的相互转化。莱布尼兹把自己发明的二进制与《周易》联系在一起的依据是鲍威特随信附给他的伏羲六十四卦图，但该图其实并不是《周易》原图，而是我国宋代理学家邵雍（1011—1077年）对伏羲六十四卦图潜心钻研获得的创新排列。邵雍根据自己多年对《周易》的思考，赋予两仪新的内涵，阳爻“—”叫“天根”，即1；阴爻“— —”叫“月窟”，即0。从而画出《伏羲先天六十四卦方圆图》。实质上，邵雍所做的是根据二进制数码排列模式把《周易》中的64个卦符有序整理为坤（000000）、剥（000001）……乾（111111），恰好是从0到63的64个十进制数的二进制排列。毋庸置疑，邵雍实质已经对二进制建立了比较清晰的认识。凡事有根有源，显然邵雍并非空起炉灶，他思考的依据恰恰是古老的《周易》，他所做的工作是把古老的二进制思想更加直观地呈现在世人面前。

我们不妨再追溯一下《周易》中蕴含的哲理。“易有太极，是生两仪，两仪生四象，四象生八卦。”[①]严格意义上讲，这只是一种原始的一分为二的思想。但《周易》表达这种思想采用了两个基本符号，即阳爻与阴爻，这才是《周易》中朴素二进制思想的关键。我们祖先可能不会想到二进制，因为我们有十进制计数的伟大创造，我们祖先没有把六十四卦按序排列，因为其是带有文化神秘性的阴阳学说而非数学著作，因此卦序阴阳相间。如六十四卦首卦为“乾”（111111），二卦则为“坤”（000000），三卦为“屯”（100010），四卦则为“蒙”

① 朱熹.周易本义[M].苏勇，校注.北京：北京大学出版社，1992：148.

(010001)……邵雍研究的价值在于把蕴含在易传中的太极、两仪、四象、八卦的一分为二观念发展成“天根月窟”思想，并依据他本人的理解排列出八卦与六十四卦的次序。因此，邵雍的卦图进一步证实了《周易》为二进制源头的说法。退一步讲，邵雍本人也可能具有二进制思想，只是由于时代的局限性，没有在数学科学领域内深刻认识到二进制的数学价值。

看来《周易》与二进制数确有关联。莱布尼兹也觉得他的二进制与这个来自古老东方文化的符号系统之间有着内在关系。他发现二进制不仅可便捷地表示数和进行运算，而且还可用于进行集合运算和逻辑运算，因而断言可利用优美简洁的二进制构建一种通用逻辑语言。这一点，在追求数学实用的东方国度，邵雍是不可能具有这种思想的。周易八卦是我们祖先的伟大创造，虽然被运用于阴阳算命等，带有某种神秘主义色彩，但依然是炎黄子孙引以为豪的传统文化代表。蕴含在卦文中的积极因素也比较多，如乾卦文“天行健，君子以自强不息”，坤卦文“地势坤，君子以厚德载物”等。实际上，在东西方文化发展的早期，都存在着某种神秘主义的色彩，只是在文化的演变发展历程中选择了不同的路径走向而已。东方传统的农耕文化追求实用，由于有十进制计数的存在，八卦中朴素的计数思想没有融入数学，后来由于经济政治的原因使科学的发展落后于西方，而西方传统文化追求的是理性思辨，在17世纪随着第一次工业革命的内在需求，数学得以迅猛发展。抽象领域内的二进制在计算机科学中也找到了广泛应用。我们可以说二进制被莱布尼兹发明，但并不能因此否定中国传统文化中确实存在二进制发扬光大的源头。这就好比微积分虽然始于牛顿与莱布尼兹，但中国古代也早已存在“一尺之锤，日取其半，万世不竭”的朴素极限思想。正如人类社会的文明发展有着内在的历史必然性，科学文化的发展也有其内在规律，对于祖先创造的灿烂文化，我们没有必要夜郎自大，但也不应该盲目否定。

本章补遗

一、$0.\dot{9}$与1是什么关系

关于这个问题的争论，似乎长期以来一直没有消停过，令人困惑但又似乎无法回避。

小学生固然没有极限知识，总觉得$0.\dot{9}$比1小那么一点点。早年的小学数学教师没有学习高等数学，可能也曾持这种观点。但是只要读者接触过高等数学，

“理解” $0.\dot{9}=1$并不困难，可以从不同角度进行解释。

下面这些方法都是初等的。

一是根据$0.\dot{3}=\frac{1}{3}$，自然推得

$$0.\dot{9}=0.\dot{3}\times 3=\frac{1}{3}\times 3=1$$

二是假设$a=0.\dot{9}$，则

$$10a=10\times 0.\dot{9}=9.\dot{9}$$

对两个等式进行处理，就可得到$0.\dot{9}=1$。

但是上述这些方法本质上并不能称为“严格证明”，只能视为初等范围内的一种理解而已，因为加减乘除运算只是初等数学环境下的定义，不能简单地运用于无限过程的处理。学习过高等数学的读者，自然能够认识到$0.\dot{9}$与1的关系，这种理解通常是基于极限的基础知识。

$$0.99\cdots=0.9+0.09+\cdots=\lim_{n\to\infty}\left(\frac{0.9\times(1-0.1^n)}{1-0.1}\right)=1$$

上述理解实质是把$0.\dot{9}$看作一个无限趋近于1的过程，从本质上分析，是把这个无限转化为“有限的无限”，可以粗略理解为“潜无限”，也就是理解成一个正在构造的过程，$0.\dot{9}$后面的9仍然在不停地继续，而不是已经“达到”无限。在这种理解下，只能说$0.\dot{9}=1$的本质是极限为1，而不是等于1。但是在许多人的理解中，依然会认为$0.\dot{9}$就是1。这又是为什么呢？这就涉及潜无限与实无限之争了。

处理无限的基本工具是实数理论，而不是初等范围内的认识延拓。我们可以从不同角度理解$0.\dot{9}$就是1。

一是实数集的稠密性。$0.\dot{9}$必然是一个实数，在实数轴上必然有一个点与之对应，正整数1也必然有一个点与之对应，由于这两个点之间并不存在一个其他实数，自然$0.\dot{9}$就是1了。

二是根据实数的十进制数表示的特殊性。在实数理论中，一个实数的十进制数表示至少是一种。对于一个无限小数来说，只有一种表示，而对于有限小数讲，则有两种。例如，1，一种表示为1.0000…，另一种表示为0.99…。

当然，上面的一些理解都可以在严密的实数理论基础上获得证明。

对于$0.\dot{9}$与1的关系，还有一种理解，有人认为要比1小。如果这样认为，究竟小多少呢？如果把1与$0.\dot{9}$两个数相减，自然应该得到一个不等于0的数，

否则就应是相等。这个数有人认为是0.0…01，但这不能被认为是一个数，因为一个数至少某个数字处于哪个数位应该是确定的，但是我们并不能确定1究竟在哪个数位，所以这种假设就是有问题的。这其实也就是当初微积分建立之初含糊不清的无穷小问题。

二、悖论与解悖

在数学科学发展过程中，悖论作为一种数学与逻辑结合的特殊的文化存在，对数学发展产生了独特的推动力量。例如，数学史上的三次数学危机的产生与化解都与悖论相关。悖论的作用正是在于提出人们必须解答的问题，在解决这些问题的过程中，促进了新观念、新理论的产生。"悖论蕴含着真理，当人们突破逻辑局限，把悖论解释清楚时，便会获得认识上的一种飞跃，也因此使数学文化中的悖论显示出巨大魅力。"①在历史上，许多经典悖论至今仍被研究者津津乐道，如芝诺无限悖论、说谎者悖论等。

（1）芝诺无限悖论。芝诺提出的悖论比较丰富，其中著名的包括：从A点走向B点永不能达、阿基厘斯追不上乌龟、飞矢不动、游行队伍等。例如，一个人从A点出发，目标为B点，要先走完全程一半，再走完剩下全程一半，再走完剩下全程一半，……如此一直下去，终点永不能达。这一悖论与《庄子·天下篇》"一尺之棰，日取其半，万世不竭"类似。当然，细致分析可知，芝诺无限悖论中速度不变，而庄子悖论中速度却越来越慢，二者具有明显区别。

（2）说谎者悖论。该悖论源于公元前6世纪的古希腊克里特岛哲学家伊壁门尼德斯的断言，简单地讲即"我在说谎"。

如果这句话为真，即我说了一句真话，但是与我的真话中"我在说谎"相悖；若这句话不真，即是讲我说了一句谎话，或者说"我不在说谎"，但是这又与我说的"我在说谎"相悖。所以无论哪种情况都导致矛盾，这就是著名的说谎者悖论。

说谎者悖论在后来还产生了许多变式。例如，我正在说的这句话是假的。再如，我预测你要说"不是"，请用"是"或者"不是"回答我。

（3）关于解悖。2019年热播的电视剧《庆余年》中，范闲和弟弟范思辙首次见面，二人进行了下列饶有趣味的对话。

范思辙：你知道这是哪里吗？这是范府，府里上上下下，都以我为尊。我让他们干吗，他们就得干吗！

范闲：你这话有毛病。

范思辙：什么毛病？

① 王昭辉，等.数学文化之数学悖论[J].教育教学论坛，2016(49)：93-94.

范闲：你刚才说府里人都以你为尊。

范思辙：没错啊！

范闲：你说什么他们都得听。

范思辙：对啊！

范闲：那你要让他们打死你自己呢？他们要是动手，就得伤害你，说明不是以你为尊；他们要是不动手，那就是不听你的命令。你看，自相矛盾了吧！

在上面这段对话中，范闲其实给他这个呆萌弟弟设置了一个有趣的逻辑陷阱。其源头是欧洲中世纪文艺复兴时期著名的“上帝悖论”。与上帝制造一个自己搬不动的石头类似，范闲的逻辑陷阱实质有一个前提是假设范思辙让府里人打死他自己。由于这个假设前提没有现实意义或者说根本就不存在，才导致逻辑上的矛盾。剧中范思辙后来自己也恍然大悟，从而消解了这一简单悖论。

悖论的消解涉及哲学、数学、思维科学、逻辑学、语言学等多学科思辨。近年来随着人们认识的不断深化，一些研究者提出不同角度的解悖方案，如“语境迟钝”“语境敏感”等。例如，有人认为导致“说谎者悖论”的最本质原因在于没有分清逻辑语义上的“真、假”和普通语义意义上的“真、假”。[①]也有人用对称逻辑解悖。[②]例如“说谎者悖论”，表面上由“我没有说谎”和“我在说谎”这两个对立“命题”构成，本质上后一“命题”并非严格意义上的命题。前一命题包含着思维内容，后一“命题”只是前命题的语言表达式。人们之所以把其看成悖论，是由于搞混了两个“命题”的思维内容和语言表达，二者性质不同，但被看成了等价。只需要把命题的思维内容和命题的语言表达区别开来，“我在说谎”这个悖论即可成功消解。

再如，“理发师悖论”。理发师要给“所有不给自己理发的人理发”这句话的对象是“所有不给自己理发的人”这个集合实质隐含着一个语境条件，对象不包括理发师自己。该悖论的形成是由于语境主客体对象混淆，把本意所指的不包括本人的对象集合偷换为包括话语主体。或者说，把这种不包括主体在内的对象集合错误认为也包括主体在内。建立在形式逻辑基础上的数学集合论通常没有主客体区分的概念，所以很容易混淆主客体，造成对象不明而陷于悖论。该悖论说明，在数学科学中，形式逻辑必须有限度、有条件地使用，否则容易掉进逻辑陷阱。

① 秦玮远.“说谎者悖论”的再探讨[J].安徽大学学报（哲学社会科学版），2006(1)：39-42.

② 陈世清.从传统逻辑到对称逻辑[J].宁德师专学报（哲学与社会科学版），2006(2)：1-8.

第二章
CHAPTER 2

美轮美奂的数林奇葩

音乐能激发或抚慰情怀，绘画使人赏心悦目，诗歌能动人心弦，哲学使人获得智慧，科学可改善物质生活，但数学能给予以上的一切。

——F.克莱因

数学是科学的女皇，数论是数学的女皇。

——C.F.高斯

引　言

数学的各个领域都蕴藏着奇妙的令人沉迷的东西。但无论哪一个数学分支，都离不开数学科学最基本的研究对象——数。数学科学的发展首先归功于数系的发展，从正数到负数，从自然数到有理数，从有理数到实数，从实数到复数、超复数，每一次的认识发展都会带来数学科学研究的突围与创新。自古以来，关于"数"的研究始终吸引着一代又一代的数学家乃至普通数学爱好者，甚至催生了一门令人敬畏而又使人神往的数学分支——数论。追溯以往，数论一直以来凭着其独特的魅力推动数学发展的历史车轮。毋庸置疑，早期的研究要归功于毕达哥拉斯学派，虽然"万物皆数"的哲学论调被后人超越，但也正是对"数"的无上追崇，才使该学派没有被宗教思想束缚，而是成为2000多年来西方数学发展的源头。毕达哥拉斯学派获得许多关于自然数的美丽结论，完全数、亲和数、三角形数……并促进后世的数论在该学派研究基础上生根、发芽、开花、结果。在中世纪时，毕达哥拉斯被西方科学界尊为"四艺"（算术、几何、音乐、天文）的鼻祖。被人们尊称为"数学王子"的高斯曾经沉浸于这一领域，并作出举世瞩目的贡献，欧拉、费马等都曾经对数论很着迷并颇有建树。在数论中，虽然有些结论的推证方法与导出过程极其复杂、深奥，可是生成的产品却可能美轮美奂、熠熠夺目，人人都能理解、都能欣赏、都能品鉴。这就像磁石一样吸引了越来越多的数学爱好者，许多人甚至抱着"衣带渐宽终不悔，为伊消得人憔悴"的执着精神徜徉数林，呕心沥血，忠诚守护，不离不弃。费马猜想，这个人人都能看懂的命题（当$n>2$时，不定方程$x^n+y^n=z^n$没有正整数解），在1995年被英国数学家安德鲁·怀尔斯证明之前还只能被称为猜想，正是这个猜想在300多年来耗费了许多数学家与数学爱好者的精力；被誉为"数学皇冠上的明珠"的哥德巴赫猜想是一个人人都能欣赏、都能理解的结论，许多中外数学家前赴后继，艰难攀登，至今未果。如果你对数学有兴趣，想在数学里有所作为，那就先进入数论这个令人着迷的领域吧！

第一节　完全数与亲和数

1903年10月，美国数学学会的一次极为普通的例行学术会议上，可能是会议组织者预先透露将有爆炸新闻公布的原因，整个会场宁静、庄严，与会者心情激动、翘首期待。只见一位数学家迈着沉稳、自信的步伐缓缓走到会场中的一块黑板前，一言不发，非常严肃规正地计算出193707721×761838257287，又算出$2^{67}-1$的值，两个运算结果完全相同，顿时迎来全场与会人员经久不息的热烈掌声。

这位数学家就是后来成为美国数学协会会长的柯尔，他的这一场无声报告可谓是数学史上一次时间最短、轰动效应最强的学术报告。为什么短短几分钟的演算会如此地令人折服？因为他否定了“$2^{67}-1$为素数”，同时也否定了“2^{66}（$2^{67}-1$）为完全数”，要知道莱布尼兹等大数学家对这个结论都始终确信无疑啊！显然，在纸笔演算时代，他的研究过程是何等艰辛！柯尔的这场报告成就了数学史上的一段传奇佳话。

在数论研究中，涉及素数的问题始终是最令人着迷的。素数也称质数，“没有质数的数论将会是一个相对贫瘠的学科。有了质数，数论的吸引力无穷无尽”。①虽然素数是无限多的，但是由于数学家并未找到素数分布的一般规律，因此寻找尽量大的素数就成为至今方兴未艾的课题。2^p-1（p为素数）型素数在数论中称为梅森素数（记为M_p），由于人们找到的大素数几乎都属于梅森素数，每个大的梅森素数的发现就意味着大素数研究的栅障突围。同时梅森素数与公元前6世纪的古希腊时代毕达哥拉斯学派提出的“完全数”关联密切，因此，纵观大素数研究的历史脉络，其源头要追溯到毕达哥拉斯学派对数论研究的贡献。

一、完全数

完全数（perfect number）又称完备数或完美数，勘属自然数家族的珍稀极品。毕达哥拉斯学派在研究自然数因数分解时发现有些自然数比较另类，如6的所有真因数（即除了本身以外的因数）之和，恰好与其本身相等，即1＋2＋3＝6，28这个数也是如此。这种奇特现象引起了毕达哥拉斯的关注与思考。确实，就今天我们来看，也似乎有“冥冥之中自有安排”之感。上帝创世正好用6天，

① 达纳·麦肯齐.无言的宇宙——隐藏在24个数学公式背后的故事[M].李永学，译.北京：北京联合出版公司，2018：32.

第7天休息，月球绕地球一周是28天。在许多国家的历史文化中，这两个数也经常出现，比如我国古代周王朝有六艺：礼、乐、射、御、书、数，秦始皇以六为国数，天上有二十八星宿，等等。毕达哥拉斯认为这种形式的数与“万物皆数”十分吻合，可谓完美，因此美其名曰“完全数”。

关于完全数文字定义的记载，首见于古希腊哲学家柏拉图（Plato，公元前427—前347年）的著作《理想国》（*The republic*）：一个数等于自身全部因数（不包括自身）之和，就是完全数。该定义简洁明了，不过要寻找一个新的完全数实际并不容易，欧几里得在《几何原本》第九卷第36个命题给出了一种寻找完全数的方法：“如果从单位开始的几个数成续两倍比，并且所有数的和形成质数，其和与最后一个数相乘得到某个数，那么该乘积是一个完全数。”[①]由于$2^n-1=1+2+2^2+\cdots+2^{n-1}$，因此该命题可换一种表述，即“如果$2^n-1$是一个质数，那么自然数$2^{n-1}(2^n-1)$一定是一个完全数”。欧几里得证明了该命题，并给出下面四个完全数。

当$n=2$时，$2^1(2^2-1)=6$;

当$n=3$时，$2^2(2^3-1)=28$;

当$n=5$时，$2^4(2^5-1)=496$;

当$n=7$时，$2^6(2^7-1)=8128$。

后来，古希腊著名数学家尼科玛霍斯（Nichomachus）在其数论专著《算术入门》中再次具体论述了四个完全数及欧几里得的定理证明，并将自然数划分为完全数、盈数与亏数三类：等于自身所有真因数之和的自然数称为完全数，大于自身所有真因数之和的自然数称为盈数，而小于自身所有真因数之和的自然数称为亏数。书中赞誉道：“奇迹发生了，正如世间缺少完美事物，而丑陋的东西却随处可见，自然数中遍布着杂乱无序的盈数和亏数，完全数却以其独特性质熠熠发光，珍稀而少见。”[②]尼科玛霍斯的研究吸引着古希腊之后的众多数学家和数学爱好者探寻其中的奥秘。虽然代代接力、持之以恒，但却犹如飞蛾扑火，一无所获，第五个完全数始终“不见庐山真面目”，直到西方文艺复兴前期，这1000年悬案才初现转机。

1202年，意大利数学奇才斐波那契（Leonardoda Fibonacci，1175—1250年，图2-1）撰写了名著《算盘书》，在这本书中，斐波那契提出著名的兔子数列，并且还宣称找到一个推算完全数的有效法则，但遗憾的是，可能是由于初出茅庐，两项重要成果均未能引发数学界的关注，很快成为过眼烟云。时光荏苒，

① 欧几里得.几何原本[M].燕晓东，译.南京：江苏人民出版社，2011：284-287.

② 徐品方，陈宗荣.数学猜想与发现[M].北京：科学出版社，2012：150-151.

弹指一挥又是200多年过去了，15世纪中叶，第五个完全数33550336令人惊诧地出现，在一位不见经传的作者手稿中，这是第四个完全数8128的4100多倍。虽然作者手稿中没有阐述演算方法，但我们可以想象出在纸笔演算时代该数发现的艰辛之路。

图　2-1

正所谓“一石激起千层浪”，这位佚名作者的成果再度激发了数学界的探索热情，在人类文明史上那个伟大时代终于迎来胜利的曙光。17世纪初，意大利数学家克特迪耗费心血，成功验算了该作者手稿中第五个完全数33550336的正确性，并且还发现了第六个$2^{16}(2^{17}-1)$和第七个完全数$2^{18}(2^{19}-1)$。另外，值得一提的是，“神数术”大师庞格斯在其著作《数的玄术》中，武断地给出28个完全数，但是该断言在1644年被法国数学家马林·梅森否定，梅森指出庞格斯罗列的28个完全数有20个不正确，只有当$n=2,3,5,7,13,17,19,31$时，$2^{n-1}(2^n-1)$能被确认是完全数，同时他又指出第九、第十、第十一个完全数是$n=67$，127，257时的结果，并且断言，当$n\leqslant 257$时，只有这11个完全数。这就是数学史上著名的“梅森猜测”。后来人们的研究表明，当$n=67$，257时并非完全数，并且$n\leqslant 257$时也不止9个完全数，梅森遗漏了$n=61$，89，107时的三个完全数。但梅森的研究在数论中无疑是功勋卓著的。后来的研究者为了纪念梅森的成就，把形如“2^p-1”的素数（p为素数）称为“梅森素数”。

心算大师欧拉不愧为数学家们公认的泰斗，似乎在数学的每一个角落都离不开他。不鸣则已，一鸣惊人，在长期的数学研究导致双目失明后，欧拉依靠心算对$n=31$时的情形给出证明，同时还提出并论证“每个偶完全数都可表示为$2^{n-1}(2^n-1)$，其中n和2^n-1都是素数”。该结论实质是欧几里得定理的逆定理。

在纸笔演算时代，从毕达哥拉斯开始，西方数学家们不断地猜测、修正、补充，前仆后继，耗时2000多年，只找到12个完全数，各种艰辛毋庸讳言。解析几何的创始人笛卡尔也曾致力于寻找完全数，但其努力最终失败。笛卡尔曾公开悲观地预测：“完全数就像人类，要找寻十全十美之人也非易事。”历史印证了他的预言。

根据欧几里得与欧拉的结论，找到一个2^n-1型素数（即梅森素数），就能确定一个偶完全数。即是说，偶完全数与梅森素数实质一一对应。由于梅森在17世纪西方科学界的特殊身份（本章第二节专门介绍），梅森素数的寻找逐渐摆脱了完全数的附庸身份，成为一个相对独立的数论研究对象，同时由于大素数与梅森素数的寻找几乎是一致的，因此梅森素数的研究在数论中彰显了较强的生命力，至今方兴未艾。

二、亲和数

毕达哥拉斯在研究自然数因数问题时不经意间发现一个奇特现象，220的所有真因数之和为1＋2＋4＋5＋10＋11＋20＋22＋44＋55＋110＝284。而284的所有真因数为1、2、4、71、142，加起来恰好是220。

毕达哥拉斯认为这对数非常恰当、贴切地解释了人们相互交往中亲密无间的朋友关系，就把220和284形象地称为“亲和数”或者叫“朋友数”“相亲数”。即是说，若两个自然数中任何一个数是另一个数的真因数（即除自身以外的因数）之和，则这两个数就是亲和数。

虽然毕达哥拉斯找到220和284这对亲和数。但是在其之后的2000多年间，许多数学家曾致力于探寻其他亲和数，有些人甚至为此耗尽毕生心血，却始终没有丝毫收获。甚至有人悲观地认为自然数家族的奇葩独此一家。也有好事者宣称这对亲和数在占卦与占星术上存在着神秘作用，给亲和数牵强附会地增添迷信色彩。17世纪，在人类文明史上无论哪个领域都是前无古人的，数学发展也进入了“大爆炸”“大跃进”时代。1636年，第二对亲和数17296和18416终于被法国“业余数学家之王”费马找到。但是仅仅过去两年，被誉为“解析几何之父”的法国数学家笛卡尔（René Descartes，1596—1650年）虽然在完全数研究中没有建树，但他找到了第三对亲和数9437056和9363584。

费马和笛卡尔的努力打破了2000多年的沉寂，激发了数学界再度寻找亲和数的雄心壮志，但是此后100多年未果。1747年，年仅39岁的数学大师欧拉突然向平静的西方数坛抛出了重磅炸弹，一下子罗列了61对新的亲和数组，而且还公开了全部演算过程。虽然后人发现其中两对有误，但欧拉还是以发现59对新的亲和数组这一突破性贡献而傲视群雄，真是叹为观止！令数学家拍案惊奇的是，欧拉发现的一些亲和数比费马发现的要小许多，如6232和6368。

欧拉超常的数学思维与计算技巧令数学界刮目相看，极大地刺激了后人寻找“亲和数”的热情，在其后半个世纪里，数学家们前赴后继，陆续找到上千对亲和数。一个富有戏剧性的插曲：1867年，意大利某中学的16岁学生白格黑尼借鉴欧拉的方法挑灯夜战，竟然捕捉到数学大师眼角逃逸的一对较小的亲和数1184和1210。这一戏剧性发现轰动了数学界，其后陆续有人发现了比欧拉亲和数组小的一些数组如2620和2924，5020和5564等。1923年，数学家麦达琪和叶维勒公开发表了1095对亲和数，包括前人研究成果的汇总与他们自己的研究所得，其中最大的数有25位。

电子计算机的诞生终结了纸笔演算历史。有人借助计算机进行检测，发现在100万以下的所有自然数中只有42对亲和数，其中10万以下的数中仅有13对亲和数。人们发现，这些亲和数的数位越来越大，则这两个数之比越接近于1，这种现象是否意味着亲和数存在某种内在的必然规律？①

亲和数本质上可以视为完全数的一种推广。其内在逻辑与后文的“水仙花数”等的发现有许多类似之处。从理论上说，任意写一个自然数，当然不能是质数，把它的所有真因数加起来得到一个数，再把这个数的所有真因数加起来又得到一个数，如此进行下去，可能会“碰巧”获得一个数，对其下一步操作的结果回归本身，那么就得到一个完全数，对其两步操作结果回归本身，则可获得一组亲和数。只要读者愿意进行繁杂的计算，上述假设可能会实现，或许那些毅力非凡又勤于计算的数学家就是这么做的，对于普通人来讲，其实际操作难度会非常大。换句话说，寻找亲和数与完全数都非常困难，“碰巧”的计算代价要远远高于水仙花数等的发现。依据上述推广思路，有人把亲和数进一步推广为“N轮自循环数”或者“广义亲和数”“N轮自循环数据黑洞”。即自然数a的真因子之和为b，b的真因子之和为c，c的真因子之和为d…，经过若干轮又恰好回到a。例如，12496是一个五轮广义亲和数。

$$12496 \to 14288 \to 15472 \to 14536 \to 14264 \to 12496$$

亲和数是只有2轮的自循环数。关于广义亲和数，目前虽然发现很多，但未能发现3轮自循环数据黑洞。目前发现的最大的广义亲和数为28轮，这个数据链的第一个数是14316，要经过28次变换才能回到自身。

亲和数还可以从另一个角度推广为3个数一组的亲和数，其中任何一个数的真因子之和都等于其他两个数之和，这种推广令人脑洞大开，颇有趣味性。谈祥柏先生在其著作《数：上帝的宠物》中引用外国一数论学者的称法将其形象地称为“金兰数”。书中同时给出迄今为止发现的两组金兰数。②

103340640,123228768,124015008;

1945330728960,2324196638720,2615631953920。

后面一组其著作中的记法是：

$$2^{14}\cdot 3\cdot 5\cdot 19\cdot 31\cdot 89\cdot 151$$
$$2^{14}\cdot 5\cdot 11\cdot 19\cdot 29\cdot 31\cdot 151$$
$$2^{14}\cdot 5\cdot 19\cdot 31\cdot 151\cdot 359$$

这是更加不容易被发现的数组，因为这些数太大，分别有959、959和479个因子。

① 徐品方，陈宗荣．数学猜想与发现[M].北京：科学出版社，2012：159-160.

② 谈祥柏．数：上帝的宠物[M].上海：上海教育出版社，1996.

第二节　梅森素数

据国外媒体报道，一位名叫帕特里克·罗什（Patrick Laroche）的美国人最近利用“互联网梅森素数大搜索（GIMPS）”项目，成功发现第51个梅森素数$2^{82589933}-1$；该素数有24862048位，是迄今为止人类发现的最大素数。如果用普通字号将它打印下来，其长度将超过100千米！

——人民网：第51个梅森素数被成功发现①

图　2-2

梅森素数可谓数论研究中一颗璀璨耀眼的明珠，最早可追溯到古希腊数学家欧几里得的研究。欧几里得在《几何原本》中运用反证法证明了素数有无穷多个，虽然他没有找到素数分布的一般规律，但指出少量素数可写成2^p-1（其中指数p为素数）的形式，并在《几何原本》第九章中论述完全数时给出一个定理：如果2^p-1是素数，则2^{p-1}（2^p-1）是完全数。虽然欧氏关注的是完全数而非2^p-1型素数，但他的这一研究却给后世数论发展带来深远影响，这可能是欧几里得没有预知的。数学家的眼光总是敏锐独特的，后世的许多数学家捕捉到这一研究方向。许多著名数学家，包括费马、欧拉、莱布尼兹、高斯、笛卡尔、哥德巴赫等都曾对这种形式特殊的素数表现出浓厚兴趣，而17世纪法国神甫与数学家马林·梅森（Marin　Mersenne，1588—1648年,图2-2）对2^p-1型素数的研究奠定了其在数学史上的功勋地位，乃至人们把2^p-1型素数称为“梅森素数”。

一、纸笔演算时代的艰辛探索

马林·梅森在17世纪欧洲科学界的地位较为独特，虽然他是宗教界人士，但他人品高尚，对科学研究充满热情，与同时代的科学大咖笛卡尔、费马、伽

① 张翔.第51个梅森素数被成功发现[EB/OL].[2019-01-02].http://scitech.people.com.cn/n1/2019/0102/c1007-30498848.html.

利略、帕斯卡等都是密友。虽然17世纪科学发展快马加鞭，但是没有权威的国际会议与科学研究机构，甚至连正规的科学刊物也没有出现，许多科学家非常放心地将成果提交给德高望重、学识渊博的梅森发布。即是说，马林·梅森实际上成为欧洲科学家交流学术成果的桥梁，被称为“定期学术刊物之前的科学信息交换站”。

梅森受到费马、笛卡尔等密友的影响，对2^p-1型素数产生了研究兴趣，并进行了大量验算工作，于1644年在其著作《物理数学随感》一书中写道：“总结前人的经验与我的研究，可以知道：在$n\leqslant257$的数中，对于$n=2$，3，5，7，13，17，19时，2^n-1是素数，猜想$n=31$，67，127，257时，2^n-1也是素数，而对于$n<257$的其他数，2^n-1都是合数。”人们对其猜测深信不疑，甚至大数学家欧拉、莱布尼兹等都认定其猜测的正确性。①

在《几何原本》中，2^p-1型素数只是处于完美数的附庸地位，欧几里得本人并未给予高度关注，但是马林·梅森的猜测大大激发了数学家的探究热情，从而2^p-1型素数逐渐从完全数中分离出来发展成为一个全新的研究对象。因此，梅森的工作可谓素数研究的历史转折，或说是新的里程碑，虽然后人发现梅森断言包含着若干谬误，但并未撼动他在素数研究中的开拓者地位。数学界为了彰显梅森的贡献，把2^p-1型素数称为“梅森素数”，并记为M_p，即$M_p=2^p-1$。

由于素数在自然数中的分布并无规律可循（虽然数学家们也曾为此不懈努力），因此要确定2^p-1型数是否为素数的难度非常大，除了需要娴熟的思维技巧与高深的理论支撑，繁重的计算处理更是必不可少，其困难程度在纸笔演算时代可以想见，但似乎那个时代的数学家都擅长计算，并且乐此不疲。1772年，心算大师欧拉在双目失明的情况下凭着高超独特的计算技巧与坚韧不拔的毅力证明了M_{31}是一个素数，共有10位数，这是当时人类已知的最大素数。欧拉的成果令数学人佩服不已，法国大数学家拉普拉斯曾向他的学生们说：“读读欧拉，读读欧拉，他是我们每一个人的老师。”

由于人类已知的最大素数几乎都是梅森素数，即是说探寻新梅森素数几乎就等同于新的大素数探索。因此，梅森素数就像数学海洋中的一颗璀璨明珠，吸引着一代又一代的数学家为之攀爬奋斗。1883年，俄国数学家波佛辛证明了M_{61}也是素数。

在20世纪梅森素数的研究中，数学家的发现大都是建立在卢卡斯——拉赫曼数列基础上的探索。②即对于数列

$$L_0=4,L_1=L_0^2-2=14,L_2=L_1^2-2=194,\cdots,L_n=L_{n-1}^2-2,\cdots$$

其中的项L_{p-2}若能被2^p-1整除，则2^p-1为素数。

① 徐品方，陈宗荣.数学猜想与发现[M].北京：科学出版社，2012:163-164.

② 吴振奎，赵雪静.数学大师的发现、创造与失误[M].哈尔滨：哈尔滨工业大学出版社，2018:243.

例如，德国数学家鲍威尔在1911年与1914年发现M_{89}和M_{107}也是素数——这些都是梅森漏掉的。另外，1903年，柯尔否定了“M_{67}为素数”（上节已述）；1922年，数学家克罗依琪克指出M_{257}并不是素数，不过他并没有找到因子。M_{257}是个78位数，它的因子直到1984年才由美国桑迪国家实验室的科学家们找到，它们是：27271151，178230287214063289511，61676882198695257501367，12070396178249893039969681。

二、机器计算时代的重大突破

在纸笔演算时代，数学家们前赴后继，艰辛攀登，仅找到12个梅森素数。进入20世纪中后期，随着计算机技术的发展，利用SWAC型计算机，美国数学家鲁滨孙等人在1952年只耗费几个小时就找到M_{521}、M_{607}、M_{1279}、M_{2203}和M_{2281}共5个新梅森素数。鲁滨孙等人的成果再度激发了人们的探索激情，每个参与者都为找到新的梅森素数而自豪。1963年9月6日晚上8点，美国伊利诺伊大学数学系全体师生欢呼雀跃，因为他们通过大型计算机搜索到第23个梅森素数M_{11213}。为让全球数学爱好者共享他们的发现，一度从系里发出的所有信件都出现“$2^{11213}-1$是个质数”的邮戳。

随着梅森素数中p值的增大，即便凭借计算机技术，每个新梅森素数的发现依然会经历无比艰辛的历程。但全球科学家及普通数学爱好者们仍你追我赶、乐此不疲。20世纪末，网格技术的迅猛发展大大推进了梅森素数的探索历程。美国程序设计师乔治·沃特曼在1996年年初设计了一个计算梅森素数的网络免费共享程序，该程序试图利用大量普通计算机的闲置时间来获得与超级计算机相当的运算能力。这就是闻名遐迩的因特网梅森素数大搜索（GIMPS）项目。该项目的运转大大刺激了人们探寻梅森素数的热情，探寻者也更加大众化。国际著名杂志《自然》曾刊文指出：GIMPS项目不仅会激起人类深入探寻梅森素数的热情，更为重要的是会引发网格应用研究的高度重视。1997年，美国数学家及程序设计师斯科特·库尔沃斯基和其他人建立了“素数网”（PrimeNet），使分配搜索区间以及向GIMPS发送报告实现自动化，只要志愿者去GIMPS的主页下载免费程序，就可立即参与GIMPS项目在线搜寻梅森素数。另外，为了激励人们寻找更大的梅森素数，美国电子新领域基金会（EFF）于1999年3月向全球宣布设立通过GIMPS探寻新的大梅森素数的奖励项目。该项目规定第一个找到超过100万位数的机构或个人可获得奖金5万美元；超过1000万位数，可获奖金10万美元；超过1亿位数，可获奖金15万美元；超过10亿位数，可获奖金25万美元。[①]

自此以后，每隔几年就会有新的更大的梅森素数闪亮登台。当然，绝大多数志愿者参与该项目是发自内心的乐趣、荣誉感以及探索与挑战精神，而不是为了金钱。下面是近年来一些新的发现。

2008年，Hans-Michael Elvenich通过GIMPS找到第45个梅森素数$M_{37156667}$，该素数有11，185，272位。

2009年4月，挪威计算机专家Oddm Strindmo通过GIMPS发现了第46个梅森素数$M_{42643801}$，它有12，837，064位数，如果用A4纸每页打印2000个数字，将这个巨数打印下来差不多要6400多页。

2013年1月25日，美国密苏里中央大学数学家Curtis Cooper通过GIMPS找到第48个梅森素数$M_{57885161}$。2016年，即互联网梅森素数大搜索诞生20周年，Curtis Cooper又发现了第49个梅森素数$M_{74207281}$，数值高达22，338，618位数，要比第48个多出500多万位数，如果用A4纸打印十进制的$M_{74207281}$，则需要打印近2万页。2018年1月，美国一位电机工程师Jonathan Pace利用GIMPS成功发现第50个梅森素数$M_{77232917}$，该素数有23，249，425位。如果用普通纸把这个数打印出来，差不多有87千米长。

2018年12月7日，GIMPS项目宣布发现第51个梅森素数$M_{82589933}$，有24，862，048位，是目前已知最大的素数。它的发现者是Ocala的志愿者Patrick Laroche。

2019年至今，梅森素数的探寻似乎又进入艰辛的跋涉之秋，第52个梅森素数不见踪影，可见这种素数珍稀到极致，因此被称为“数海明珠”。从已知的梅森素数来看，这种特殊素数在自然数家族中的分布时疏时密，因此对梅森素数分布规律的探索似乎比寻找新的梅森素数更为困难。特别值得一提的是，中国数学家及语言学家周海中通过对梅森素数的深入研究，早在1992年就首先给出梅森素数分布的准确表达式，为人们探寻梅森素数提供了方便。著名的《科学美国人》杂志上有一篇评介文章指出，“这一成果是梅森素数研究中的一项重大突破”。后来这一重要成果被国际上命名为“周氏猜测”。[②]

表2-1列出了截至2018年年末已知的51个梅森素数（2^p-1），相应的完全数为2^{p-1}（2^p-1）。[③]相信在GIMPS支持下，会不断地发现更多更大的梅森素数。

① 张四保，罗兴国．魅力独特的梅森素数[J].科学，2008(2)：56-58.

② 张四保，罗兴国．魅力独特的梅森素数[J].科学，2008(2)：56-58.

③ 吴振奎，赵雪静．数学大师的发现、创造与失误[M].哈尔滨：哈尔滨工业大学出版社，2018：244.

表 2–1 梅森素数

序号	素数 p 的值	梅森素数 2^p-1	梅森素数数位	发现年代
5	13	$2^{13}-1$	4	1461
6	17	$2^{17}-1$	6	1588
7	19	$2^{19}-1$	6	1588
8	31	$2^{31}-1$	10	1772
9	61	$2^{61}-1$	19	1883
10	89	$2^{89}-1$	27	1911
11	107	$2^{107}-1$	33	1914
12	127	$2^{127}-1$	39	1876
13	521	$2^{521}-1$	157	1952
14	607	$2^{607}-1$	183	1952
15	1279	$2^{1279}-1$	386	1952
16	2203	$2^{2203}-1$	664	1952
17	2281	$2^{2281}-1$	687	1952
18	3217	$2^{3217}-1$	969	1957
19	4253	$2^{4253}-1$	1281	1961
20	4423	$2^{4423}-1$	1332	1961
21	9689	$2^{9689}-1$	2917	1963
22	9941	$2^{9941}-1$	2993	1963
23	11213	$2^{11213}-1$	3376	1963
24	19937	$2^{19937}-1$	6002	1971
25	21703	$2^{21701}-1$	6533	1978
26	23209	$2^{23209}-1$	6987	1979
27	44497	$2^{44497}-1$	13395	1979
28	86243	$2^{86243}-1$	25962	1982
29	110503	$2^{110503}-1$	33265	1988
30	132049	$2^{132049}-1$	39751	1983
31	216091	$2^{216091}-1$	65050	1985
32	756839	$2^{756839}-1$	227832	1992
33	859433	$2^{859433}-1$	258716	1994

续表

序号	素数 *p* 的值	梅森素数 2^p-1	梅森素数数位	发现年代
34	1257787	$2^{1257787}-1$	378632	1995
35	1398269	$2^{1398269}-1$	420921	1996
36	2976221	$2^{2976221}-1$	895932	1997
37	3021377	$2^{3021377}-1$	909526	1998
38	6972593	$2^{6972593}-1$	2098960	1999
39	13466917	$2^{13466917}-1$	4053946	2001
40	20996011	$2^{20996011}-1$	6320430	2003
41	24036583	$2^{24036583}-1$	7235733	2004
42	25964951	$2^{25964951}-1$	7816230	2005
43	30402457	$2^{30402457}-1$	9152052	2005
44	32582657	$2^{32582657}-1$	9808358	2006
45	37156667	$2^{37156667}-1$	11185272	2008
46	43112609	$2^{43112609}-1$	12978189	2008
47	42643801	$2^{42643801}-1$	12837064	2009
48	57885161	$2^{57885161}-1$	17425170	2013
49	74207281	$2^{74207281}-1$	22338618	2016
50	77232917	$2^{77232917}-1$	23249425	2018
51	82589933	$2^{82589933}-1$	24862048	2018

三、结语

为什么人们热衷于对梅森素数的探索？在纸笔演算时代，这个问题似乎不太好回答，有时数学家自己也说不清楚。可能是源于一种自发的兴趣，也可能是挑战成功、不断超越前人的一种愉悦与自豪。但是计算机技术的介入无疑凸显了寻找梅森素数的价值，不仅反映了人类智力发展在数学上的极限挑战，也有助于计算机技术的不断进步。由于传统计算机的大多数加密算法都建立在大数分解上，将一个大数分解可能异常困难，但是将两个已知素数相乘却非常容易，因此密钥中使用的素数越大，则对加密内容来说，被破解的可能性越低。即是说，寻找大梅森素数有助于改进传统计算机加密算法。可以预见的是，梅森素数这颗数学科学中的璀璨明珠将始终以其独特的魅力，吸引更多有志者探寻其内在的奥秘。

第三节　水仙花数与卡普列加数

一、水仙花数

153这个自然数看上去极其普通，但深入观察分析，这个数却并不寻常，因为$153=1^3+5^3+3^3$。据说最早发现这一有趣现象的是英国大数学家哈代（G.H. Hardy，1877—1947年）。这个等式的奇特之处是右边各项的底数是原数的数字，指数恰好是原数的位数，因此人们给这种极具欣赏价值的自然数冠以一个趣味性、艺术性非常强的名称——水仙花数。

一个非常自然的问题：这是巧合吗？数学里有许多“巧合”，但这些巧合背后经常蕴含着深刻的数学哲理。自然数家族的水仙花数是一枝独秀还是百花争艳？有没有一种可能的方法找到更多的水仙花数？

实验的方法固然行之有效，通过实验或许会碰巧获得类似的数，但一个一个自然数去验证显然不是我们所追求的方法。况且多次失败也容易打击实验的积极性。可以尝试预设一种规则，然后根据这种规则进行实验。

任意写一个三位数，把它三个数位上的数字的立方和求出来，然后再对这个立方和的各位上的数字求出立方和，反复进行这种操作，会不会产生什么有趣现象呢？

实验的结果是令人欣喜的。三位数中的水仙花数不只是153，还有其他数。我们可以随机选取一个三位数进行操作，可能会获得四个水仙花数，分别是153，370，371，407。如果利用计算机程序进行筛选，我们会发现这正是三位数中所有的水仙花数。例如：

$$
\begin{aligned}
&728\\
&7^3+2^3+8^3=863\\
&8^3+6^3+3^3=755\\
&7^3+5^3+5^3=593\\
&5^3+9^3+3^3=881\\
&8^3+8^3+1^3=1025\\
&1^3+0^3+2^3+5^3=134\\
&1^3+3^3+4^3=92\\
&9^3+2^3=737\\
&7^3+3^3+7^3=713\\
&7^3+1^3+3^3=371\\
&3^3+7^3+1^3=371
\end{aligned}
$$

上述过程可以简要记为：

$$728\rightarrow863\rightarrow755\rightarrow593\rightarrow881\rightarrow1025\rightarrow134\rightarrow92\rightarrow737\rightarrow713\rightarrow371$$

其实这些水仙花数在数学科学中的传统名称应是“3次回归数”或者“自幂数”。更一般的说法是：若一个n位自然数等于各位数字的n次幂之和，则称其为n位n次幂回归数。

如果读者对这些数感兴趣，或许会进一步提出一个问题，除了三次回归数外，有没有四次回归数，五次回归数……或者说，我们索性抽象一步，考虑更一般的表述。

方程“$\overline{a_1a_2\cdots a_n}=a_1^n+a_2^n+\cdots+a_n^n$”（$a_i$为数字，$1\leqslant i\leqslant n$）总会有解吗？

这个问题很有趣味，也符合考虑数学问题的一般思路（在本书的第七章我们会进一步讨论）。我们不妨对四位数进行类似操作。操作的结果再次令人激动，我们能够获得四位数中的回归数，即有：

$$1634=1^4+6^4+3^4+4^4$$
$$8208=8^4+2^4+0^4+8^4$$
$$9474=9^4+4^4+7^4+4^4$$

有人给它们取了一个浪漫的名称——桃花数。

那么五位数呢？六位数呢？

纸笔实验虽然理论上可行，我们相信也会获得一些有趣的现象。但计算量确实会越来越大。于是，一些数学爱好者试图通过计算机帮助寻找。虽然随着n越来越大，困难也越来越大，但还是陆续获得了一些结果。有人把它们统称为鲜花数或花朵数。

1975年，美国一位数学教师安东尼·迪拉那（Anthony Diluna）借助计算机获得了下列一些结果：

五位回归数54748，92727，93084，被趣称为梅花数；

六位回归548834，被趣称为杜鹃花数；

七位回归数1741725，4210818，9800817，9926315，被趣称为玫瑰数；

八位回归数24678050，24678051，88593477，被趣称为牡丹数。

人们自然要问:什么样的自然数n有回归数？这样的n是有限个还是无穷多个？对于已经给定的n，如果有回归数，那么有多少个回归数？

1986年，还是那位数学教师安东尼·迪拉那，巧妙地证明了使n位数成为回归数最多只可能是60位数。原来鲜花数王国最多只可能开放60种鲜花，不可能百花争艳。60是一个神奇的数，古巴比伦数学采用60进位制，只用两个楔形符号计数，中国古老的天干地支历法，也刚好是60年一个循环。等边三角形每个内角是60°，时分秒进位是60……以至一些数学爱好者充满信心，要汇集60种鲜花数让它们芬芳四溢。还真有人做到了！王天权通过1.1G赛扬微机，自编VB程序找出了所有的回归数，从三位数开始总共只有80个，为回归数的寻找画上了圆满的句号。在其罗列的数据表中，最大的是39位数，只有两个自然数。并且，程序运行表明：等于2，12，13，15，18，22，26，28，30，36以及40~60的回归数不存在。[①]

从已经找到的回归数中还可以发现一个有趣的现象：若鲜花数的个位数为0，则比其多1的数也是鲜花数。如表2-2所示，这样的鲜花数只有8组，堪称鲜花数珍馐极品，不妨称为“孪生鲜花数组”。

表2-2　孪生鲜花数组

n	自然数
3	370；371
8	24678050；24678051
11	32164049650；32164049651
16	4338281769391370；4338281769391371
25	3706907995955475988644380； 3706907995955475988644381
29	19008174136254279995012734740； 19008174136254279995012734741
33	186709961001538790100634132976991； 186709961001538790100634132976990
39	115132219018763992565095597973971522400； 115132219018763992565095597973971522401

至此，鲜花数的研究可以告一段落。但要始终记住的是：如果想深入挖掘，总有可挖之处，这正是数学探索的魅力所在！

思路1：如果换一个角度，放宽n次的回归条件，即$\overline{a_1a_2\cdots a_n}=a_1^1+a_2^2+\cdots+a_n^n$”（$a_i$为数字，$1\leqslant i\leqslant n$）总会有解吗？

人们找到了这样特征的数：

$$89=8^1+9^2$$
$$135=1^1+3^2+5^3$$
$$175=1^1+7^2+5^3$$
$$1306=1^1+3^2+0^3+6^4$$
$$1676=1^1+6^2+7^3+6^4$$
$$2427=2^1+4^2+2^3+7^4$$

这类数的自幂过程拾级爬坡，实是有趣。不过美中不足的是，人们至今未能找到五级台阶以上的数，确实是一件憾事。

① 王天权．回归数大团圆[J]．数学通报，2006(6):28-30.

思路2：推广是数学研究的一种基本思路。若对鲜花数放宽条件n位n次幂回归为“n位m次幂回归”，$\overline{a_1a_2\cdots a_n}=a_1^m+a_2^m+\cdots+a_n^m$，不妨称$m<n$时为弱回归，$m>n$时为强回归。有没有这样的幂回归数呢？例如：

$$4^5+1^5+5^5+1^5=4151$$

$$1^5+9^5+4^5+9^5+7^5+9^5=194979$$

$$1^7+4^7+4^7+5^7+9^7+9^7+2^7+9^7=14459929$$

思路3：对于思路2中的n与m的值，假设$m=n+1$，这是一种特殊情况，可对这种情况换一种理解，即把“n位$m+1$次幂回归”理解为最高位是0的“$n+1$位$m+1$次幂回归”，这种数也是有的，有人称为广义回归数。

广义回归数的最大位数可以超过60位，不过也不是遍地开花。有人通过Maple编程得知共存在70个广义回归数，最大的广义回归数为64位，3，4，6～12，14～24，26，28，30，32，34，40，41，48，50，52，58，62位及65位以上的广义回归数均不存在。最大的64位广义回归数为

0129729706383218800940922971779520807379706064324417989786624799①。

二、卡普列加数

2025这个数内涵丰富。在2015年5月19日，中华人民共和国国务院正式颁布了实施制造强国战略的第一个十年行动纲领《中国制造2025》，为实现中华民族伟大复兴的中国梦打下坚实基础。

2025这个数在数学里其实也是一个富于传奇的自然数。如果读者对数列有一定的敏感性，就可发现$1^3+2^3+3^3+\cdots+9^3=2025$。如果读者再深入想一想，可能还会发现，把2025分拆成20与25，再加起来，取平方数，结果恰好回到2025，这是多么神奇的数学现象啊！

如果读者有数学发现的敏锐性，自然会引发一系列思考：这是巧合吗？这样的自然数还有吗？如果读者有探索的冲动，那这本书的目的就达到了。只要我们有着发现的强烈意识与探索冲动，就有机会去发现！

据说，印度某铁路干线上，有一块标有3025（千米）的里程碑。数学家卡普列加（Dattaraya Ramchandra Kaprekar，1905—1986年）一次乘车旅行，途中风雨交加、雷电轰鸣，列车受阻，迫不得已在路边停下。他无意间透过窗玻璃看到这块里程碑被劈成两半：一半写着30，另一半写着25。这时，卡普列加忽然发现$30+25=55$，$55\times55=3025$，也就是说，把劈成两半的数加起来，再平方，正好是原来的数。思维敏锐的卡普列加意识到这件事很可能不同寻常，从此他就有意识地收集这类数。后来这类怪数就被命名为“卡普列加数”或“雷

① 廖建新.广义回归数的判定及其算法[J].温州师范学院学报(自然科学版)，2006(5)：10-16.

膀数”，也叫“分和平方再现数”。如2025，3025就是卡普列加数，四位数中的卡普列加数还有9801。

现在的问题是：这些数的规律是巧合吗？能不能找到更多的卡普列加数？这样思维就是试图把该问题一般化。

一般情况下，卡普列加数比较规范的定义：把正整数x拆成两部分，前半部分数字作为第一部分，后半部分数字作为第二部分（如果x的数位为奇数，则高位添一个零，变成偶数位），得到两个新数，若两个新数之和的平方回归原数x，则x称为卡普列加数。

上述定义的符号语言表述是：设一个一般的自然数

$$\overline{a_{2n}a_{2n-1}\cdots a_{n+1}a_n\cdots a_2a_1}\,(a_{2n}\geqslant 0,a_{2n-1}\neq 0),$$

若$(\overline{a_{2n}a_{2n-1}\cdots a_{n+1}}+\overline{a_n\cdots a_2a_1})^2=\overline{a_{2n}a_{2n-1}\cdots a_{n+1}a_n\cdots a_2a_1}$，则$\overline{a_{2n}a_{2n-1}\cdots a_{n+1}a_n\cdots a_2a_1}$就是卡普列加数。

也有人把$\overline{a_{2n}a_{2n-1}\cdots a_{n+1}a_n\cdots a_2a_1}$的算术根称为卡普列加数。

由于数位的不确定性，寻找卡普列加数并没有一般方法，只能在确定数位的情况下（即采用特殊化策略）进行分析求解。以四位卡普列加数（两位数加两位数）为例，设四位数为$\overline{a_4a_3a_2a_1}$，若其为卡普列加数，则

$$(\overline{a_4a_3}+\overline{a_2a_1})^2=\overline{a_4a_3a_2a_1}=100\times\overline{a_4a_3}+\overline{a_2a_1}$$

记$x=\overline{a_4a_3}$，$y=\overline{a_2a_1}$，即有

$$(x+y)^2=100x+y$$

此为不定方程，看成关于x的一元二次方程，即

$$x^2+(2y-50)x+y^2-y=0。$$

$$\Delta=(2y-50)^2-4(y^2-y)=4(2500-99y)$$

根据条件，Δ必须是完全平方数，而y本身也必须是平方数的尾数，故可求得y等于1或25，从而求得四个结果2025，3025，9801和0001（舍去）。

如果读者感兴趣，自然会考虑其他多位数的情况。但这种方法显然不具有一般性，寻找的途径主要是借助计算机技术。

人们已经发现，最小的卡普列加数是81，这也是最小的奇卡普列加数，最小的偶卡普列加数是7441984，其算术根是2728。

并且，人们还发现$\overline{\underbrace{99\cdots99}_{n个9}8\underbrace{00\cdots00}_{n个0}1}\,(n\geqslant 1)$肯定是卡普列加数或者$\overline{\underbrace{99\cdots99}_{n个9}}\,(n\geqslant 1)$是这种数的算术根；而非$\overline{\underbrace{99\cdots99}_{n个9}8\underbrace{00\cdots00}_{n个0}1}$的卡普列加数成对出现，可以证明“若$\overline{a_{2n}a_{2n-1}\cdots a_{n+1}a_n\cdots a_2a_1}$是卡普列加数，则$(10^n-\overline{a_{2n}a_{2n-1}\cdots a_{n+1}}-\overline{a_n\cdots a_2a_1})^2$也是卡普列加数。”

例如，52881984与7441984就是一对，它们的算术根分别是7272与2728；2025与3025也是一对卡普列加数。

这些事实引发了研究者的兴趣。随着卡普列加数的数位的增加，显然寻找卡普列加数会变得越来越困难。曾俊雄发表了一系列文章探讨卡普列加数可能的规律。[①]他通过对已求出的十三位以下（包括十三位）及二十二位的所有卡普列加数进行研究、探索，总结出“加出”卡普列加数的加法法则（猜想）。例如，

$142857^2=020408$，122449，其循环和$=020408+122449=142857$；

$818181^2=669420$，148761，其循环和$=669420+148761=818181$。

即是说，142857、818181都是卡普列加数的算术根，并且两个数的和$142857+818181=961038$也是卡普列加数的算术根，因为$961038^2=923594$，037444，其分拆和刚好是961038。

两个位数相同的卡普列加数的和，是否都可以得到一个新的卡普列加数呢？作者给出卡普列加数中的加法猜想：如果既约真分数$\frac{b_1}{a_1}$与$\frac{b_2}{a_2}$的一节或多节循环数都是n位卡普列加数a_1,a_2不相等且互质），并且这两个卡普列加数的和是n位循环数，那么这个n位循环数也是卡普列加数。但此猜想并未获得证明。

研究的另一角度则从更抽象层面上揭示这类数的本质。在李长明教授的论文中定义了一种包含新加法与乘法的循环进位运算的代数结构。[②]

新的加法定义如下：

对$\forall a,b\in A_n$，规定

$$a\oplus b=\begin{cases}a+b\left(当a+b\leqslant \underbrace{99\cdots\cdots9}_{n个9}时\right)\\ a+b-\underbrace{99\cdots\cdots9}_{n个9}\left(当a+b>\underbrace{99\cdots\cdots9}_{n个9}时\right)\end{cases}$$

这里A_n表示所有n位数的集合。

与$\oplus$相对应的乘法定义如下：

对$\forall a,b\in A_n$，规定

$$a\otimes b=\overbrace{b\oplus b\oplus\cdots\cdots\oplus b}^{a个b}$$

在上述循环进位法定义下，加法、乘法可使位数相同的数集构成群、环。在此环中，进一步给出卡普列加数的规范定义，从而推出卡普列加数的构造原理和算法。该研究使人们对卡普列加数的感性实证上升到理性推理，有助于人们进一步探索该类数的内在本质。

---

① 曾俊雄.卡普列加数中的加法法则[J].课程教育研究.2014(12):231-232.

② 李长明.卡普列加数的构造和推广[J].高等数学研究,2019(1):18-27.

第四节 角落里的奇珍异宝

一、最神秘的数142857

仔细观察142857这个数，$\frac{1}{7}=0.\dot{1}4285\dot{7}$，如果把142857乘7，也容易得到结果999999，似乎看不到什么神秘之处。不要急，我们慢慢看。我们把142857从1乘到6。

$$142857\times1=142857$$
$$142857\times2=285714$$
$$142857\times3=428571$$
$$142857\times4=571428$$
$$142857\times5=714285$$
$$142857\times6=857142$$

看出来了吧！同样的几个数字，只是调换了位置，反复地出现。不仅如此，请看：

$$142+857=999$$
$$14+28+57=99$$

还有更神秘的呢！我们用142857乘142857，答案是20408122449。

$$20408+122449=142857$$

原来142857不仅从1乘到6后出现数字轮回现象，而且其自乘结果分拆数之和回归原数，或者说20408122449这个数“分和平方再现”，这正是我们前面提到的雷击数。

据传142857最早发现于埃及金字塔内，它的神秘之处是可形象生动地解释7天轮回现象。无须计算机，只要知道分身规律，就可推出继续累加的答案。这种解释或许本就是一种巧合，数学里不乏许多巧合，但巧合背后往往蕴含着某种一般的规律，当人们不理解时自然就会对其增加神秘感。

二、回文数

唐宋八大家之一苏轼离开都城东京汴梁，路过镇江金山寺时，被那里的美景所吸引，借景抒情，提笔作诗《题金山寺》。①

潮随暗浪雪山倾，远浦渔舟钓月明。
桥对寺门松径小，槛当泉眼石波清。
迢迢绿树江天晓，霭霭红霞海日晴。
遥望四边云接水，碧峰千点数鸿轻。

① 阮堂明.《全宋诗》苏轼卷辨正辑补[J].殷都学刊，2010(1)：65-70.

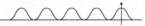

如果把它倒过来念也是顺畅自然、意蕴深远。

轻鸿数点千峰碧，水接云边四望遥。
晴日海霞红霭霭，晓天江树绿迢迢。
清波石眼泉当槛，小径松门寺对桥。
明月钓舟渔浦远，倾山雪浪暗随潮。

苏轼这首诗文的绝妙之处是运用了我国古代文学作品中一种独特的回文表现手法。类似的回文诗也比较多，如“人过大佛寺”，倒读起来便是“寺佛大过人”，还有经典的对联“客上天然居，居然天上客”，再如南北朝时期南朝齐王融的《春游回文诗》“风朝指锦幔，月晓照莲池”，反过来读“池莲照晓月，幔锦指朝风”。

文学作品中的回文手法在数学里也有，比如1991、2002等就属于很有特色的四位数，从左向右读与从右向左读完全一样，这类数在数学里称为“回文数”。2020年2月2日据说是个吉利日子，虽然这一天是周末，但国内许多婚姻登记部门正常上班，20200202是一个回文数，可谓千年一遇。但是由于“新冠肺炎”疫情防控要求，中国多地取消该周末婚姻登记。

在回文数中有这样一个特殊的数，经常被数学爱好者津津乐道，12345678987654321，有人称它为橄榄数。有趣的是它还是一个完全平方数，$12345678987654321=111111111^2$。

不仅如此，请看：

$$121=11^2$$
$$12321=111^2$$
$$1234321=1111^2$$
$$123454321=11111^2$$
$$12345654321=111111^2$$
$$1234567654321=1111111^2$$
$$123456787654321=11111111^2$$

由于回文数极具欣赏性，自然也受到许多数学家的钟爱。据说印度的一位数学家马哈维拉（Mahavira，约800—870年）曾经沉迷于一种叫“花环数”的游戏：将两自然数相乘，若乘积数字呈中心对称，则称为“花环数”，这其实就是“回文数”，英文中则以《一千零一夜》中的苏丹王妃命名为Palindromic number。[①]数学家发现，回文数中似乎存在无穷多个素数，不过除11以外，所有回文素数的位数都是奇数。如果我们借助计算机不难发现：$11^2=121, 22^2=484, 7^3=343, 11^3=1331, 11^4=14641$，这些都是回文数。当然不能简单地以为$11^5$也是回文数。经验归纳在这里不奏效，人们实际上始终未能找到五次方以及更高次幂的回文数。也就是说，不存在n^k（$k\geqslant 5$；n，k均是自然数）形式的回文

① 蔡天新.数学简史[M].北京：中信出版集团，2019：114.

数。这也仅仅是一个猜测，并未获得严格的数学论证。[①]通过计算机实验，人们还发现了一桩趣事：对一个自然数与它的倒序数相加所得的和，再与和的倒序数相加，如此不断进行操作，经过有限次步骤，最后得到一个回文数是一个绝对大概率事件（可以理解为数据黑洞）。

例如，439＋934＝1373，1373＋3731＝5104，5104＋4015＝9119，9119是回文数。

再如，4378＋8734＝13112，13112＋21131＝34243，34243是回文数。

虽然人们进行了大量的验证，但也不能从理论上论证，这个结论依然是个猜想。并且，实验还发现有个别数比较怪异，如196按照上述变换规则经过数十万步计算，仍未掉进回文陷阱。猜想与确证的距离在这里究竟有多大，数学家也说不清楚，因为继续对196进行回文操作会有什么现象并不能预知。因此，在数学科学中有些直觉规律可能并不是普适性真理。

三、自守数

数论中总会出现一些巧合。

例如，

$$145 = 1! + 4! + 5!$$

$$387420489 = 3^{87+420-489}$$

$$3^3 + 4^3 + 5^3 = 6^3$$

不过，通过下面的一些实例，我们还是能看到其中的规律。

5×5＝25，6×6＝36，25×25＝625，76×76＝5776，625×625＝390625，376×376＝141376……

可以看出，在自然数平方运算中有这样一些数，平方的尾数等于该数自身，就像一条永远甩不掉的“尾巴”，始终与它们如影相随！人们称这样的数为“自守数”。《小学教学设计》在2007年第11期曾介绍过这种数。

一位的自守数是5和6，两位的自守数是25和76，它们分别是一位的自守数5和6的“延伸”。三位的自守数也正好是一对：625和376，它们又分别是两位的自守数25和76的“延伸”。实际上，自守数从5和6出发，可以无限延伸，它的位数不受限制。如十位的两个自守数是8212890625和1787109376。

有人已经用计算机找了长达500位的自守数，并且还找到求自守数的方法。有趣的是，自守数的延伸还存在一种普遍的规律，即：

5＋6＝10＋1

25＋76＝100＋1

① 徐品方，陈宗荣．数学猜想与发现[M]．北京：科学出版社，2012：46.

625＋376＝1000＋1

……

可以思考，如果n位的自守数已知，那么能不能求出$n+1$位的自守数呢？

四、最倒霉的数13

在东方国家，13是大吉之数。佛教传入中国宗派为十三宗，代表功德圆满；布达拉宫13层、天宁佛塔13层等。

在西方国家，大家都比较忌讳13这个数。耶稣的弟子犹大出卖耶稣，参加最后晚餐的是13个人，晚餐的日期恰逢13日，13给耶稣带来苦难和不幸。达·芬奇还就此画了一幅名画《最后的晚餐》，流传甚广。从此，“13”被认为是不幸的象征，是背叛和出卖的同义词。因此，西方文化比较忌讳13，许多酒店没有第13层，飞机场也没有13号登机口。

有趣的是，就纯粹数学来说，“13”这个数的确是个另类。德国医生威廉姆·福利斯认为：人类发展史上的一切都可归结为一个简明扼要的公式$23X+28Y$，X和Y是正或负的整数。比如，一年有365天，$365=23\times11+28\times4$；法国革命开始于1789年，$1789=23\times23+28\times45$；人类细胞核中有46对染色体，$46=23\times2+28\times0$；而$13=23\times3+28\times(-2)$，此式中出现了负数。[①]

五、奇特的等幂和

先看两组有趣的数。

第一组：2，3，10，19，27，33，34，50，51，56。

第二组：1，6，7，23，24，30，38，47，54，55。

这两组数有什么奇特之处呢？

简单分析可以知道，这两组数都没有公因数，而且两组数各自的和都是285。下面计算它们的方幂之和。

$$\begin{cases}2+3+10+19+27+33+34+50+51+56=285\\1+6+7+23+24+30+38+47+54+55=285\end{cases}$$

$$\begin{cases}2^2+3^2+10^2+19^2+27^2+33^2+34^2+50^2+51^2+56^2=11685\\1^2+6^2+7^2+23^2+24^2+30^2+38^2+47^2+54^2+55^2=11685\end{cases}$$

$$\begin{cases}2^3+3^3+10^3+19^3+27^3+33^3+34^3+50^3+51^3+56^3=536085\\1^3+6^3+7^3+23^3+24^3+30^3+38^3+47^3+54^3+55^3=536085\end{cases}$$

$$\begin{cases}2^4+3^4+10^4+19^4+27^4+33^4+34^4+50^4+51^4+56^4=26043813\\1^4+6^4+7^4+23^4+24^4+30^4+38^4+47^4+54^4+55^4=26043813\end{cases}$$

① 熊昌明.初中数学校本课程的开发与实施[D].桂林：广西师范大学，2011：40.

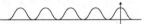

看到这里，读者是不是会拍案叫绝！不过请先不要激动，还有更让人惊诧的呢！继续计算，结果如表2-3所示。

表2-3　两组数的方幂和

方幂次数	每组数的方幂和
0	10
1	285
2	11685
3	536085
4	26043813
5	1309753125
6	67334006805
7	3512261547765
8	185039471773893

如果进一步计算9次方幂的情形，两组数的方幂和相等的现象消失了，这又是为什么呢？这两组有趣的数和它们有趣的性质吸引了很多人进行探索。从1次幂到8次幂，两组数的方幂和都相等，大概自然数家族中再也很难出现第二对了。

本章补遗

一、完全数

关于完全数，虽然人们找到的并不多，但对已知的完全数进行研究，人们发现完全数具有如下精妙绝伦的性质。[①]

（1）偶完全数都是以6或8结尾。若以8结尾，那么就肯定是以28结尾。

（2）所有的偶完全数都可以表达为从2^{p-1}到2^{2p-2}的连续正整数次幂之和。这个可以从完全数的一般化定义知道。

$$\begin{aligned}2^{p-1}\left(2^p-1\right)&=2^{p-1}\left(1+2+2^2+\cdots+2^{p-1}\right)\\&=2^{p-1}+2^p+\cdots+2^{2p-2}\end{aligned}$$

① 徐品方，陈宗荣.数学猜想与发现[M].北京：科学出版社，2012：155-156.

例如，$33550336=2^{12}+2^{13}+\cdots+2^{24}$

(3) 每一个偶完全数都可以写成连续自然数之和。

$$496=1+2+3+\cdots+30+31$$

(4) 除6以外的偶完全数都可表示成连续奇数的立方和（共有$\sqrt{2^{p-1}}$项）。例如，

$$33550336=1^3+3^3+5^3+\cdots+125^3+127^3$$

(5) 每一个完全数的所有约数（包括本身）的倒数之和都等于2。例如，

$$\frac{1}{1}+\frac{1}{2}+\frac{1}{4}+\frac{1}{7}+\frac{1}{14}+\frac{1}{28}=2$$

对于其他几个性质，你可以尝试证明吗？

关于完全数，还存在悬而未决的问题。虽然$2^{p-1}(2^p-1)$，当2^p-1为素数时是完全数，但是从完全数的定义看，并没有限定或默认为偶数，有没有奇的完全数呢？从已经发现的完全数看，并没有找到一个奇的完全数，也没有人能证明奇完全数不存在。随着计算机技术的发展，一些数学家利用计算机检测，能说明在某个范围内没有奇完全数，这个范围也是越来越大。1967年，塔克曼指出奇完全数若存在，必大于10^{36}，后来有人证明必大于10^{120}，甚至有人推进到10^{300}。看来，完全数的研究难以终结。

二、亲和数

关于亲和数的研究主要有两个方向：一个方向是寻找新的亲和数组，另一个方向是研究亲和数的分布特征与表示公式。

早在9世纪，伊拉克哲学、医学、天文学和物理学家泰比特（Tabitibn Qorra）曾提出了一个构造亲和数的公式。

如果三个数$p=3\times2^{n-1}-1, q=3\times2^n-1, r=9\times2^{2n-1}-1$都是素数，且$p,q>2$，则$2^n pq$和$2^n r$就是一对亲和数。例如，取$n=2$，得$p=5$，$q=11$，$r=71$，则$2^n pq=220$和$2^n r=284$是一对亲和数。但泰比特所提出的公式实际操作比较困难，尤其是当n很大时，无法运算。[①]

亲和数还存在许多有待探求的问题。例如：

(1) 如何寻找尽量大的亲和数。挑战现有认识需要技术与理论的配合。有资料表明，到1974年，人们已知的最大亲和数已达到152位，它们是：

$$3^4\times5\times11\times5281^{19}\times29\times89\times(2\times1291\times5281^{19}-1),$$
$$3^4\times5\times11\times5281^{19}\times(2^3\times3^3\times5^2\times1291\times5281^{19}-1)。$$

① 徐品方，陈宗荣．数学猜想与发现[M]．北京：科学出版社，2012：158-159.

(2) 目前找到的每一对亲和数所含的两个数总是同时为偶数或同时为奇数，是否存在一对亲和数其一是偶数，而另一个是奇数呢？

(3) 目前找到的奇亲和数大部分都是3的倍数。1988年，博霍（W.Borho）和巴提亚托（S.Battiato）找到了不能被3整除的15对奇亲和数。那么是否存在一对奇亲和数中有一个数不能被3整除？

(4) 随着亲和数数值的增大，它们两个数之比都逐渐接近1？①

三、梅森素数

梅森素数的寻找可能还会有助于分数的研究。例如，我们知道，一个素数p（除2，5外）的倒数（即$1/p$）化成的小数是纯循环小数，循环节的位数理论上应该为$p-1$。

$$\frac{1}{7}=0.\dot{1}4285\dot{7}$$

化成的小数循环节有6位，因为肯定存在$p|\underbrace{99\cdots99}_{p-1\text{个}9}$。这一点可以由数论中的一个重要定理即费马小定理得证。

如果p是质数，而整数a不是p的倍数，则有$a^{p-1}\equiv 1(\bmod p)$。

这样的例子还比较多，例如，

$$\frac{1}{17}=0.\dot{0}58823529411764\dot{7}$$

但是，由于循环小数的循环节位数通常定义为最小循环位数，因此也有可能循环节最少位数并非如上面所说。实验的结果似乎大部分为$p-1$。但也有例外，如1/37的循环节并不是36位，而是3位，因为$999\div 37=27$。这种例外情况还有没有呢？

梅森素数2^p-1虽然目前只找到51个，但随着技术的不断进步，大素数会不断被刷新纪录，这个“不断”可能会非常缓慢地实现。根据以上认识，梅森素数的倒数化成的循环小数循环节的位数应该是2^p-2位，这个位数是不是最少位数？由于一般素数（当然是不太大的素数）的实验结果似乎并没有发现许多另类，我们有理由猜测梅森素数的倒数化成的循环小数循环节的最少位数应该是2^p-2位。并且，一个循环节的数字虽然难以写出来，但是可以用一个表达式来说明。即对于$\frac{1}{2^p-1}$这个分数（p为素数），化成小数后一个循环节的最少位数数字组成的数应是$\frac{10^{2^p-2}-1}{2^p-1}$，这是一个$2^p-2$位的高位可以为0的整数。

① 谈祥柏.不可思议的分拆算法[J].数学通报,1999(6):31-32.

$\frac{1}{2^p-1}$的循环节的位数类似对1与2^p-1进行一种既定规则下的数学操作，这种操作最后往往可能进入了一个类似“数字黑洞”的回轮，那么这种数字黑洞的长度是2^p-2，终将有一天会吞下整个宇宙！

对于梅森素数，还有一个值得注意的现象，就是每一个梅森素数的末尾数字肯定是1或者7。这意味着什么呢？一个素数（除2，5外）的倒数化成循环小数后，根据上面的讨论，其循环节的最后一个数字应可以推算出来，只需要看这个素数的个位数与什么数相乘后的结果的个位为9。如23的倒数的一个循环节最后一位数字应为3，59的倒数的一个循环节最后一位数字应为1。也就是说，梅森素数的倒数的一个循环节的最后一位数字应为9或者7。只要善于思考，还是可以获得更深刻、更本质的认识！

第三章 CHAPTER 3

璀璨靓丽的数学明珠

某类问题对于数学的深远意义以及它们在研究者个人的工作中所起的重要作用是不可否认的。只要一门科学分支能提出大量的问题，它就充满着生命力；而问题缺乏则预示着独立发展的衰亡或中止。正如人类的每项事业都追求确定的目标一样，数学研究也需要自己的问题。正是通过这些问题的解决，研究者锻炼其意志，发现新方法和新观点，达到更为广阔和自由的境界。

——中国科学院自然科学史研究所数学史组.数学史译文集[M].上海：上海科学技术出版社，1981：60.

引 言

纵观几千年来东西方的数学发展历史，大量问题的提出与解决不仅推动了数学的发展，还是整个科学发展的内在动力。对问题的研究与深入探索不仅拓展了新的研究方向甚至新的数学分支，还衍生出新的待解问题。数学科学不缺问题，一方面，生产、生活实际以及其他科学领域会不断地对数学提出新的亟须解决的问题；另一方面，现实世界数学化后在抽象领域内自由驰骋也会衍生出新的内在数学问题，这些问题可能是已有理论体系的完美诉求，或者是新领域创新开拓的关键。数学也不缺好的问题，清晰性和易懂性往往是一些重大数学问题的特征。哥德巴赫猜想可谓妇孺皆知，费马定理明了简洁。即使诸如“$3^3+4^3+5^3=6^3$”“$\pi^4+\pi^5\approx e^6$”等公式的巧夺天工也是人人都可欣赏。数学也不缺好的难题，正是对这些数学难题的艰辛挑战与缓步攀缘，才使数学始终生机勃勃、活力四射。在数学问题中，众多定理与猜想犹如一颗颗璀璨靓丽的数学明珠，有的在推动数学科学深入发展中起着关键性作用，有的开创了新的研究方向或领域，有的由于其深入浅出之美在数学发展的过程中彰显出独特的赏鉴价值。

19世纪，随着大量经典问题的解决，数学逐渐形成了十几个二级学科、一百多个三级学科以及成千上万的细分领域，但也依然存在一些悬而未决的数学问题。1900年8月，数学家希尔伯特在巴黎召开的国际数学家大会上发表学术演讲，提出了著名的23个未解决的数学问题，从而揭开了20世纪现代数学研究的帷幕，并以“希尔伯特问题”著称于数学界。2000年5月24日，美国克莱数学研究所提出引起数学界与许多国际媒体关注的“七个千禧年数学难题”（悬赏100万美元）。这些问题对现代数学的发展产生强力的推动作用。正如希尔伯特所说：“在通向那隐藏的真理的曲折道路上，它应该是指引我们前进的一盏明灯，并最终以成功的喜悦作为对我们的报偿。”

第一节 唯美数学定理：欧拉公式与巴塞尔级数

数学科学体系的构建与发展源于数学概念网络以及庞大的定理系统。数学定理，可以说是数学科学体系的核心内容。在整个数学科学体系中，对其构建与发展起着关键性作用的“最美”数学定理有哪些？《数学信使》（*The Mathematical Intelligencer*）在1988年曾向国际数学界发出一份问卷调查，所得到的统计结果如表3-1所示（评分标准是满分为10分）。①

表3-1 “最美”数学定理排名

排名	定　　理	评分
1	$e^{i\pi}+1=0$	7.7
2	多面体的欧拉公式 $V-E+F=2$	7.5
3	质数有无穷多个	7.5
4	正多面体恰好有五种	7.0
5	$1+\frac{1}{2^2}+\frac{1}{3^2}+\frac{1}{4^2}+\cdots=\frac{\pi^2}{6}$	7.0
6	从闭单元圆盘到自身的连续映射必有一个不动点	6.8
7	$\sqrt{2}$ 为无理数	6.7
8	π 为超越数	6.5
9	任何平面地图皆可用四种颜色涂色，使相邻区域的颜色皆不同	6.2
10	任何形如 $4n+1$ 的质数都可唯一表示成两个整数的平方和	6.0

表3-1中罗列的十个数学定理表述简洁干脆、形式优美独特、内涵深邃意远，涉及分析数学、数论、图论、几何等学科。该调查的统计数据虽然经常被后来的众多研究者提及，但据说回收的调查信息并不丰富，因此被调查者的个人偏好有可能影响统计结果。例如，被誉为“千古第一定理”的毕达哥拉斯定理（勾股定理）虽然简洁优美却未能名列前十，实际上第七名“$\sqrt{2}$为无理数”虽然是人类对数的认识的转折点，但其对数学科学进一步发展的作用远不及引发该发现的毕达哥拉斯定理。再如，第九个定理最初还属于猜想，机器证明的数学地位尚存异义，严格意义上的数学证明当时并未实现，作为“最美”定理自然会引发争议。又如，第十个定理虽然属于费马的一个重要贡献，但与“最

① 薛丽莉，李俊.“最美数学定理”的几次评选[J].数学教学，2007(11)：47-48.

美”还有一定的距离，若用费马大定理（指20世纪90年代被证明的费马猜想）替代可能更为恰当。但欧拉公式被称为最为美丽的数学定理应当之无愧。

一、欧拉公式

欧拉公式的大美之处是因为它将数学科学中最基本、最关键的五个数e,i,π,1,0完美地汇聚在一个等式中：自然对数的底e和圆周率π两个超越数；虚数单位i和自然数单位1两个单位；还包括被称为人类伟大创造之一的数0。

在高等数学中，该公式的推导思路通常是利用泰勒展开式对下列公式进行处理：

$$\lim_{n\to\infty}\left(1+\frac{x}{n}\right)^n=e^x$$

推导过程如下。

由于$1+\frac{x}{1!}+\frac{x^2}{2!}+\frac{x^3}{3!}+\frac{x^4}{4!}+\frac{x^5}{5!}+\frac{x^6}{6!}+\cdots=e^x$

则$1+\frac{ix}{1!}-\frac{x^2}{2!}-\frac{ix^3}{3!}+\frac{x^4}{4!}+\frac{ix^5}{5!}-\frac{x^6}{6!}+\cdots=e^{ix}$

由于$\frac{x}{1!}-\frac{x^3}{3!}+\frac{x^5}{5!}-\cdots=\sin x$

则$\frac{ix}{1!}-\frac{ix^3}{3!}+\frac{ix^5}{5!}-\cdots=i\sin x$

再根据$1-\frac{x^2}{2!}+\frac{x^4}{4!}-\frac{x^6}{6!}+\cdots=\cos x$

得到$e^{ix}=\cos x+i\sin x$

令$x=\pi$，得到$e^{i\pi}=-1$

即$e^{i\pi}+1=0$

自欧拉提出这个公式以来，人们始终对其赞誉不绝，有着“上帝创造的公式”“最卓越的数学公式”“数学美的典范”等溢美之称。2004年，《物理世界》杂志将该公式和麦克斯韦方程组并称为最伟大的等式。也有人将其与爱因斯坦的$E=mc^2$并列为数学和物理学公式中的双子星。数学王子高斯更是语惊八方：“如果被告知这个公式的学生不能立即领略她的风采，这个学生将永远不会成为一流的数学家。”具体来说，简述如下。

（1）e：自然对数之底，分析数学之魂，自然界万事万物离不开e，没有e，现代数学空洞苍白、举步维艰。

（2）π：贯通初等数学与高等数学始终的无理数，宇宙里最完美的二维图形——圆、最完美的三维图形——球，它们的常数均是圆周率π。

(3) 自然数1与0，数学运算之源。零元0、单位1，是构造群、环、域的基本元素，缺失0、1，抽象数学甚至整个数学科学大厦将成为空中楼阁、云中亭榭。

(4) i：虚数单位，因为i的引进，虚数成为客观存在，平面向量与其对应，也就有了哈密尔顿的四元数，现实空间与其对应。

(5) ＋：运算符号，减法是加法的逆运算，乘法是累计的加法，运算符号皆由加号衍生而来。

欧拉公式无多余符号，简洁干脆，朴实无华，但又熠熠夺目于数学公式之林。最为关键的是，它实现了数学科学诸多分支基础的完美结合，数学大厦通过欧拉公式诠释了大一统宇宙万事万物普遍联系的内在哲理，正如麦克斯韦方程组完美统整电磁场，欧拉公式在更宽泛、更抽象的层面诠释了2000年前毕达哥拉斯"万物皆数"的哲学意蕴，宇宙的和谐唯美尽展其中。

二、巴塞尔级数

在前述十个定理中，名列第五的是

$$1+\frac{1}{2^2}+\frac{1}{3^2}+\frac{1}{4^2}+\cdots=\frac{\pi^2}{6}$$

读者可能会感到意外，这个等式为什么会如此地耀眼醒目？实际上，该等式涉及著名的巴塞尔级数问题，即精确计算所有非零自然数平方的倒数的和，也就是以下级数的和：

$$\sum_{n=1}^{\infty}\frac{1}{n^2}=\lim_{n\to+\infty}\left(1+\frac{1}{2^2}+\frac{1}{3^2}+\cdots+\frac{1}{n^2}\right)$$

这个级数和的近似值为1.644934。巴塞尔级数问题就是寻找这个级数的准确值，并且论证它的正确性。

这个问题首先由皮耶特罗·蒙戈利在1644年提出，这个问题困扰了许多数学家。数学大师莱昂哈德·欧拉在28岁那年发现并论证了其准确值是$\frac{\pi^2}{6}$。欧拉最初获得$\frac{\pi^2}{6}$的方法非常睿智而且新颖大胆，他把有限多项式的考察迁移推广到无穷级数，并假设相同的性质对于无穷级数也成立，虽然这种想法并不严密(这需要勇气，用有限范围内的规则处理无限问题，容易引发学术歧义，微积分的发展最初其实也是类似)，欧拉本来也是心存困惑，但他计算了级数的部分和后发现，级数确实趋近于$\frac{\pi^2}{6}$，并且越来越准确。这使他信心倍增，最终把这个结果大胆地公之于世。欧拉的研究立即轰动了整个数学界，根据惯例，该问题以欧拉家乡瑞士的城市巴塞尔命名。不过客观上讲，其证明并不十分严密，欧拉在1741年给出了一个真正严密且无瑕疵的证明。[①]欧拉最初的方法依然是借助功能强大的麦克劳林级数：

$$\sin x=\frac{x}{1!}-\frac{x^3}{3!}+\frac{x^5}{5!}-\frac{x^7}{7!}+\cdots$$

两边除以x，得：

$$\frac{\sin x}{x}=1-\frac{x^2}{3!}+\frac{x^4}{5!}-\frac{x^6}{7!}+\cdots$$

令$\dfrac{\sin x}{x}=0$，则该方程的根为$x=n\pi,(n=\pm 1,\pm 2,\pm 3,\cdots)$

欧拉采取了一种大胆的做法。方程有无数个根，欧拉把$\dfrac{\sin x}{x}$展开式右边的无穷级数想象为线性因子的乘积，就像把多项式因式分解一样，从而有

$$\frac{\sin x}{x}=\left(1-\frac{x}{\pi}\right)\left(1+\frac{x}{\pi}\right)\left(1-\frac{x}{2\pi}\right)\left(1+\frac{x}{2\pi}\right)\left(1-\frac{x}{3\pi}\right)\left(1+\frac{x}{3\pi}\right)\left(1-\frac{x}{4\pi}\right)\left(1+\frac{x}{4\pi}\right)\cdots$$
$$=\left(1-\frac{x^2}{\pi^2}\right)\left(1-\frac{x^2}{4\pi^2}\right)\left(1-\frac{x^2}{9\pi^2}\right)\left(1-\frac{x^2}{16\pi^2}\right)\cdots$$

再把这个乘积通过思维想象展开，并把所有含x^2的项合并在一起，可以看到，含x^2的项的系数为

$$-\left(\frac{1}{\pi^2}+\frac{1}{4\pi^2}+\frac{1}{9\pi^2}+\frac{1}{16\pi^2}+\cdots\right)=-\frac{1}{\pi^2}\sum_{n=1}^{\infty}\frac{1}{n^2}$$

同时从$\dfrac{\sin x}{x}$原先的级数展开式中可以看出，x^2的系数是$-\dfrac{1}{3!}=-\dfrac{1}{6}$。这两个系数应该是相等的。因此，

$$-\frac{1}{\pi^2}\sum_{n=1}^{\infty}\frac{1}{n^2}=-\frac{1}{6}$$

即

$$\sum_{n=1}^{\infty}\frac{1}{n^2}=\lim_{n\to+\infty}\left(1+\frac{1}{2^2}+\frac{1}{3^2}+\cdots+\frac{1}{n^2}\right)=\frac{\pi^2}{6}$$

巴塞尔级数推进了数学界对$\sum\limits_{n=1}^{\infty}\dfrac{1}{n^s}$型级数的深入探索，并且由此产生了一个延续到21世纪的超级问题，即魅力四射的黎曼猜想。同属希尔伯特第八问题，人们对于哥德巴赫猜想与孪生素数猜想似乎更熟悉，但可能会对黎曼猜想中深奥的数学符号产生心理排斥对其敬而远之。数学爱好者其实可以运用有限的知识了解一下这个恢宏猜想。

黎曼猜想涉及的依然是数论中的素数问题。由于数学家们并没有找到素数

① 张国利，杜智慧.关于对p级数敛散性研究的注记[J].洛阳师范学院学报，2017(11)：22-24.

分布的一般规律，所以涉及素数的问题自然成为数论乃至整个数学研究的独特风景，而黎曼猜想研究的就是素数的分布规律。可以想象，一旦数学家破解了素数的奥秘，那数学的未来将是何等的光辉灿烂！

数学家研究素数分布的基本工具一般是借助欧拉在《无穷小分析引论》中提出的乘积公式：

$$1+\frac{1}{2^s}+\frac{1}{3^s}+\cdots+\frac{1}{n^s}+\cdots=\frac{1}{1-\frac{1}{2^s}}\cdot\frac{1}{1-\frac{1}{3^s}}\cdot\frac{1}{1-\frac{1}{5^s}}\cdots\frac{1}{1-\frac{1}{p^s}}\cdots$$

这个公式左边的n指所有自然数，右边的p指所有素数，s是一个大于1的自然数。显然可以看出，整个公式应该是欧拉研究质数分布与$\sum_{n=1}^{\infty}\frac{1}{n^s}$型级数求和时产生的交叉思维结果。若$s=2$，则左边就是巴塞尔级数。无理数$\pi$不仅与涉及自然数的无穷级数具有内在联系，而且与所有质数形成了联系。

欧拉乘积公式的奇妙之处是把对全体质数的某种运算转化为对全体自然数的某种运算，从而通过研究公式左边的无穷级数和$\sum_{n=1}^{\infty}\frac{1}{n^s}$，人们就有可能对质数获得更为深刻的认识。因此数学家称左边关于变量s的函数$\sum_{n=1}^{\infty}\frac{1}{n^s}$为欧拉$\zeta$函数，即

$$\zeta(s)=\sum_{n=1}^{\infty}\frac{1}{n^s}$$

原来ζ函数居然跟质数具有深刻联系，当然在上述公式中s是一个大于1的自然数，s的范围扩展成大于1的实数也容易理解。并且当$s=1$时函数是发散的，这一点在欧拉之前也已经解决。那么当s不在上述范围呢？这个问题引起了黎曼的注意。黎曼在1859年发表了一篇论文《论不大于一个给定值的素数个数》，首次利用$\zeta(s)=\sum_{n=1}^{\infty}\frac{1}{n^S}$来研究素数问题。黎曼的贡献是把$\zeta(s)$中的自变量取值推广到复数范围，即将$\zeta(s)$的定义域解析延拓到除$s=1$以外的全体复数，从而架设了复分析与数论之间的桥梁，使$\mathrm{Re}(s)<1$时$\zeta(s)$也有了意义。因而$\zeta(s)=\sum_{n=1}^{\infty}\frac{1}{n^s}$在数学里获得了一个专门的名称：黎曼$\zeta$函数。而黎曼猜想关注的就是$\zeta(s)$的零点分布。

黎曼在其论文中提出了6个猜想，1892年哈达玛以及1894年曼高尔特证明其中5个。留下一个至今未能解决，这就是著名的黎曼猜想：$\zeta(s)$的零点，除了

平凡的$s=-2,-4,-6,\cdots$在复平面上全部分布在s的实部为$\frac{1}{2}$的直线上。[①]

黎曼猜想的重要价值在于猜想本身的最终解决会促进许多相关问题的研究，因为后来的研究者在黎曼猜想正确的前提下得出了许多重要结论，但是这些结论有些绕开黎曼猜想获得证明，大都还没有被证明。[②]

值得一提的是，被誉为当代最伟大的数学家之一、曾经的菲尔茨奖获得者、英国著名数学家迈克尔·阿蒂亚，在2018年度海德堡获奖者论坛上宣讲了他的关于黎曼猜想的证明。但是国际上许多学者认为，迈克尔·阿蒂亚的证明仍有待同行评议和时间检验。[③]

第二节　宇宙演化密码：黄金分割与斐波那契数列

宇宙的起源与演化是物理学家、哲学家热衷探讨的一个永恒话题，可能也是人类永远不能破解的谜题，但在数学家眼里，宇宙的演化有时会呈现一番别样风景。第一次使用“宇宙”这个术语的就是古希腊时期的哲学翘首与数学天才毕达哥拉斯，他命名“宇宙”（cosmos）是因为这个词在古希腊语中意味着秩序、美丽与和谐，这正是毕达哥拉斯的宇宙观，他一生致力于探索和谐唯美的自然。他认为球是最完美的，因此就认为太阳、月亮行星都绕地球做匀速圆周运动。他用“万物皆数”去诠释宇宙，虽然未能如愿，但是给后世留下了传承2000多年的一系列宝贵数学遗产，其中就包括黄金分割。

一、黄金分割

虽然埃及金字塔的黄金分割构造要比古希腊毕达哥拉斯早2000多年，但后人还是倾向于把黄金分割的起源归功于毕达哥拉斯或者其所创立的学派。据说有一天毕达哥拉斯漫步于街头，经过铁匠铺前时他猛然听到铁匠打铁的声音非常悦耳，于是驻足倾听。他发现铁匠打铁的节奏很有规律，这个声音的比例被毕达哥拉斯用数理的方式表达出来。[④]这一传说无可考究，但与毕达哥拉斯“万

① 一泓.最重要的数学猜想：黎曼猜想[J].新世纪智能，2020(Z6)：25-26.

② 楼世拓.关于黎曼猜想[J].自然杂志.1980(5)：37-39.

③ 刘园园，操秀英.黎曼猜想被证明了吗[EB/OL].[2018-09-25].http://www.chinadaily.com.cn/interface/toutiaonew/1020961/2018-09-25/cd_36972130.html.

④ 张艺萍，等.感受数学文化提高数学素质[J].天津职业院校联合学报，2011(1)：117-120.

物皆数”的信条吻合。在数学里，毕达哥拉斯考虑了一个几何问题：对于任意给定线段AB，要在其上找一点C，该线段被点C分成长短两条线段，并使较长线段长和全线段长的比值等于较短线段长与较长线段长的比值。他断定这个比值是0.618，并认为这种比例会给人带来愉悦与美感。毕达哥拉斯能够用尺规作图完成，但要找到一个精确的比值却是不能做到的，因为比值是$\frac{\sqrt{5}-1}{2}$，这是一个无理数，正是毕达哥拉斯哲学极力回避的痛点。

如果假设较短线段长是AC，较长线段长是CB，令以上比值是x，即有$x=\frac{CB}{AB}=\frac{AC}{CB}$，则$\frac{1}{x}=\frac{AB}{CB}$，由于$AB=AC+CB$，所以有：

$$\frac{1}{x}=\frac{AC+CB}{CB}=\frac{AC}{CB}+1=x+1$$

从而获得一个代数方程，并把这个方程化简变成$x^2+x-1=0$。此方程的根有两个，其中正根为$\frac{\sqrt{5}-1}{2}$，取其近似值为0.618，这就是今天人们常说的黄金分割数。

黄金分割数0.618也称中外比，由于严格按照黄金分割比设计的几何造型的艺术性、和谐性往往无与伦比，非常恰切地诠释了“万物皆数”的哲理（不仅是毕达哥拉斯所说的“数”），因此渗透到大千世界万事万物的方方面面，在数学科学乃至其他许多科学，如天文、地理、建筑、绘画等领域都担当了重要角色，被后人奉为科学和美学的金科玉律。欧洲中世纪天文学家与物理学家开普勒（J.Kepler，1571—1630年）曾说：“几何学有两个宝库，一个是毕达哥拉斯定理，另外一个就是黄金分割。前面那个可以比作金矿，而后面那个可以比作珍贵的钻石矿。”①

二、无处不在的黄金分割

黄金分割在宇宙中随处可见，充分诠释了宇宙演化的唯美、和谐与秩序。以赤道为分界线，地球纬度可划分为北纬、南纬，范围是0°～90°，对其进行黄金分割，则为34.38°～55.62°，这正是地球上人类的宜居地带，该区域几乎囊括了世界上所有发达国家。北纬30°线贯通四大文明古国，可谓是一条奇特神秘的纬线。世界最高的青藏高原、最大的撒哈拉沙漠在北纬26°～39°，长江中下游的纬度为北纬30°～34°，著名的能量异常区——百慕大三角区在北纬32°18′。

从人体解剖学角度看我们自身的构造，黄金分割可谓比比皆是。例如，人体赖以生存的四处关键部位肚脐、咽喉、膝盖、肘关节是四个黄金分割点。姿

① 刘福智.科学审美与艺术审美[J].美与时代(上),2014(2):14-18.

态优美、身材苗条的时装模特和散发翩翩风采的舞蹈演员往往会获得观众青睐，他们的腿和身高的比例很可能近似于0.618。为什么我们在22～24℃时感觉最舒适呢？因为人的正常体温37℃与0.618的乘积为22.866℃，而且这一温度下周围肌体的生理功能、生理节奏、新陈代谢均处于最佳状态。

唯美和谐的黄金分割不仅与自然演化相伴相随、如影随形，在人类文化发展历程中，黄金分割的广泛使用也很好地诠释了人类自身对美的追求。作为艺术领域的普遍存在，黄金分割自古就有。古埃及吉萨金字塔是远古建筑的代表，至于比毕达哥拉斯早2000多年的古人是否已经掌握黄金分割并不可考，因此有外星人论者认为这些艺术来自未知文明，因为吉萨金字塔的纬度为北纬29.9792458°，这一数值恰好与光在真空中的传播速度299792458 m/s的数值惊人巧合。此后，黄金分割在建筑与绘画中被普遍运用。巴特农神庙、印度泰姬陵、巴黎圣母院，还有近代的法国埃菲尔铁塔，都有大量与0.618有关的数据。另外，把黄金分割运用到极致的应是欧洲中世纪的艺术家们，达·芬奇的《蒙娜丽莎的微笑》《维特鲁威人》等都有黄金分割的影子。

在现代建筑中的一个典型代表是2008年北京奥运会前建造的国家体育场“鸟巢”，场馆设计如同一个巨大容器，高低起伏变化的外观诠释了戏剧性和震撼力的建筑艺术：形象完美纯净，立面结构就像树枝编织的鸟巢，网络状的构架达到完美统一。体育场的空间效果简洁而典雅，不同于一般体育场建筑设计手法，为2008年北京奥运会树立了一座独特的历史性标志建筑。不论是近看还是远观，其前所未有的独创性都给人留下与众不同的视觉冲击。“大量运用黄金分割原理，结构组件相互支撑，既不失独创性，又简洁、典雅。”①

在数学里的一个经典的例子是五角星与正五边形。五角星非常美丽，我们国旗上就有五颗，还有不少国家的国旗也用五角星，这是为什么？在五角星中可以找到的所有线段之间的长度关系都是符合黄金分割比的。正五边形对角线连满后出现的所有三角形都是黄金分割三角形。

三、斐波那契数列

如果读者数一数向日葵花的花瓣，会发现有的是21枚，有的是34枚，甚至也有55枚。这是一种有趣的现象，因为这些数在数学里有着特别的诠释。这就是斐波那契数列：

1，1，2，3，5，8，13，21，34，55，89，144，…

这个数列由意大利数学家斐波那契在其《算盘书》中提出。斐波那契最初对这个数列的形象解释是“兔子繁殖问题”，即假设一对大兔子每个月可繁殖一

① 张钰奇，等.浅析黄金分割在建筑中的应用与价值[J].文艺生活·文海艺苑，2016(9)：182-183.

对小兔子，而小兔子出生后两个月就有生殖能力。问从一对大兔子开始，一年后能繁殖成多少对兔子？这就是兔子数列，其规律是从第三项起，每一项都是前两项的和，用递推公式表达如下。

$$a_1=a_2=1 \quad a_n=a_{n-1}+a_{n-2}(n\geqslant 3)$$

虽然斐波那契用兔子繁殖直观地描述了这个数列，并没有对其给予高度关注，但是在其后几百年中，这个数列却吸引了众多的数学家与科学家。人们惊异地发现斐波那契数列与黄金分割存在内在的联系！相邻两个斐波那契数的比值是随序号的增加而逐渐趋于黄金分割比的。根据该数列递推公式可以推导出通项公式：

$$a_n=\frac{1}{\sqrt{5}}\left[\left(\frac{1+\sqrt{5}}{2}\right)^n-\left(\frac{1-\sqrt{5}}{2}\right)^n\right]$$

因此

$$\lim_{n\to\infty}\frac{a_n}{a_{n+1}}=\frac{\sqrt{5}-1}{2}\approx 0.618$$

由此可知，斐波那契数列使人们对黄金分割的认识从静态转向动态，实现了质的飞跃，从而为认识宇宙间万事万物的演化规律提供了可能。虽然在自然界里找不到《算盘书》里那种高产兔子，但几百年来人们通过对该数列的研究探索，发现大千世界甚至浩瀚宇宙中的万事万物似乎都蕴藏着斐波那契数列，毕达哥拉斯或许只能对其哲学体系的崩塌独留一声叹息，却难以知晓视野开阔后“万物依然皆数”，甚至有人把此数列推崇为“大自然的灵魂”或者说“宇宙演化密码”。

虽然这个数列只是斐波那契的主观想象，但是科学家发现蜜蜂种群的社会结构可以更加显著地反映这个数列在自然界中的存在。不仅如此，自然界许许多多的植物中也存在斐波那契数列的影子。许多植物的种子、花瓣或叶子往往不是随机排列，而是依据斐波那契数列呈螺旋状规律地分布。我们日常食用的蔬菜，如青菜、包心菜、芹菜等，其叶子排列也具有这个特性。科学家称这种排列为斐波那契螺旋，如图3-1所示。

从两个边长为1的小正方形开始，沿着这两个小正方形画一个边长为2（=1+1）的正方形。我们现在可以画一个新的正方形，紧贴一个单位正方形和边长为2的新正方形的边，所以边有3个单位长；然后同时紧贴2个单位正方形和边长为3的那个正方形（它有5个单位的边），我们可以继续在图片周围

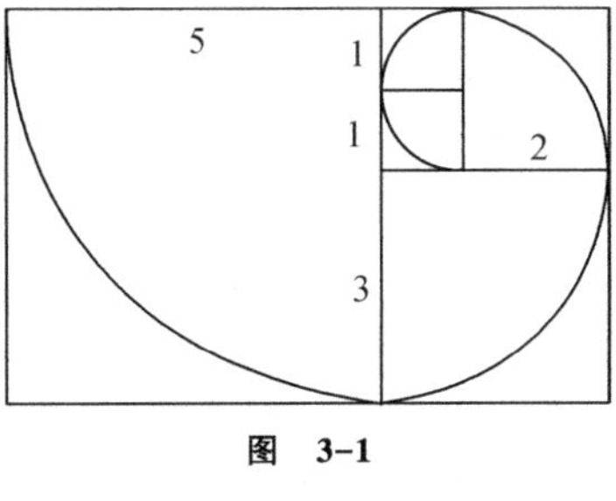

图　3-1

添加正方形，每一个新的正方形的边的长度与最近两个正方形的边之和一样。这组矩形的边长是两个相邻的斐波那契数，人们把这种矩形称为黄金矩形。

然后，从第一个正方形开始，以每个边长为1，1，2，3，5，…的正方形的一个顶点为圆心作过对角顶点的$\frac{1}{4}$圆弧，依次连接圆弧形成一个螺旋线。确切地讲，螺旋不是真正的数学螺旋线（因为它是由圆弧线组成的，且半径不会越变越小），但它可以很好地接近经常出现在自然界中的螺旋形状。这方面的例子不仅包括植物，像蜗牛和一些海洋贝壳也是如此。难道这些生物懂得斐波那契数列吗？它们只是按照自然规律进化成这样的。如此看来，斐波那契数列可能是大自然物竞天择的演化密码。

斐波那契数列的神奇之处可能还蕴藏在社会与经济发展领域。若读者了解中国的证券市场，可能下面的分析会感兴趣。

随着人口的增长，现代科技的运用，世界经济处于不断发展变化中，当然前进中有曲折，但总的来说是在曲折中前进。这里不讨论深奥的经济学问题，只就当下已经与我们日常生活休戚相关的中国股市进行讨论。虽然股市运行趋势与实体经济有时存在背离现象，但长期来看，股指的涨跌依然是实体经济的“晴雨表”。中国股市究竟如何运行，这可能是每一位股民关心而又难以捉摸的问题。

第三节　东方数学神作：中国剩余定理

在基础数学领域，数学定理绝大部分都是以西方国家的数学家进行命名，唯一以中国命名的数学定理是“中国剩余定理”（Chinese remainder theorem，CRT），它是数论的基础性定理，与威尔逊定理、欧拉定理、费马小定理齐名，并称数论四大定理。该定理源于《孙子算经》下卷第二十六题“物不知数”问题：“今有物不知其数，三三数之剩二，五五数之剩三，七七数之剩二，问物几何。”翻译成现代语言就是：“一个整数除以3余数为2，除以5余数为3，除以7余数为2，求这个整数。”用符号语言可表述如下：已知整数a满足$a\equiv 2(\mathrm{mod}3)$，$a\equiv 3(\mathrm{mod}5)$，$a\equiv 2(\mathrm{mod}7)$，求整数a的值。

这个问题的答案是23。由于数据比较简单，试算也不难获得结果。不过，《孙子算经》的术文指出详细的解题方法：三三数之，取数七十，与余数二相乘；五五数之，取数二十一，与余数三相乘；七七数之，取数十五，与余数二相乘。将诸乘积相加，然后减去一百零五的倍数。列成算式就是：

$$N=70\times 2+21\times 3+15\times 2-105\times 2=23$$

由于这里105是3、5、7的最小公倍数，因此《孙子算经》实质上给出的是符合条件的最小正整数（70为5与7的公倍数并且除以3余数为1，21是3与7的公倍数并且除以5余数为1，15是3与5的公倍数并且除以7余数为1。这个问题一般解应是$105n+23$，其中$n=0$，1，2，3…）。对于该问题中余数改变的情形，《孙子算经》也给出了说明。

有趣的是，明代数学家、珠算鼻祖程大位在《算法统宗》中给上述问题解法编了一首朗朗上口的歌谣："三人同行七十稀，五树梅花二十一，七子团圆正半月，除百零五便得知。"

后人在"物不知数"基础上编拟了许多类似的趣题，其中"韩信点兵"就是该类问题的代表。①

韩信率领1500名将士与西楚大将李锋交战。苦战败退，汉军死伤四五百人，无奈退守大本营。途中西楚骑兵追来。探马来报敌仅五百余骑，韩信神机妙算，当机立断点兵迎敌。他命令士兵3人一排，结果多出2名；再命令士兵5人一排，结果多出3名；他又命令士兵7人一排，结果又多出2名。韩信马上向将士们宣布：我军有1073名勇士，敌人不足五百，我们以众击寡，必能取胜。于是，士气大增，击溃追兵。

韩信是如何知道所率将士为1073名呢？其方法本质上是一样的。先算出$70\times2+21\times3+15\times2=233$。由于105是3、5、7的公倍数，因此233加上105的倍数就应是答案。韩信根据将士人数范围估计确定将士为1073名。

关于"物不知数"问题的算法推广，用符号语言可以表述如下：设有一数x，分别被两两互素的正整数m_1，m_2，…，m_n相除，余数分别为a_1，a_2，…，a_n，即

$$x=a_i(\mathrm{mod}\,m_i),i=1,2,\cdots,n$$

如果一组正整数解$k_i(i=1,2,\cdots,n)$满足：

$$k_i\frac{m}{m_i}\equiv1(\mathrm{mod}\,m_i),(m=m_1\times m_2\times\cdots\times m_n)$$

则适合原同余式组的解为

$$x=\sum_{i=1}^{n}k_i\frac{m}{m_i}a_i-lm\ （l\text{是某一正整数}）$$

这就是《孙子算经》推广到一般情况下的情形，即现代数论中著名的中国剩余定理。不过，《孙子算经》中并没有这种一般的表述。给出这种一般表述的是南宋数学家秦九韶。秦九韶在其巨著《数书九章》中明确系统地叙述了求解一次同余式组的一般计算步骤。他将k_i叫作乘率，a_i叫作定数，$m=\prod_{i=1}^{n}m_i$叫作衍母，$\frac{m}{m_i}$叫作衍数，该方法的核心是"大衍求一术"，即求乘率k_i的方法。该方

① 佚名.韩信点兵的奥秘：中国剩余定理[J].新传奇，2018(34)：33.

法即使在今天来看也是非常不简单。正因为如此，在西方数学史著作中，求解一次同余式组的剩余定理一直被称为“中国剩余定理”。“大衍求一术”在世界数学史上一枝独秀，具有崇高地位，“可与刘徽-祖暅球积术、贾宪-杨辉增乘开方术先后媲美，在世界数学史上也是出类拔萃之作”。[①]美国著名科技史专家萨顿曾对秦九韶给予了极高评价：“秦九韶对于他的民族、对于他所生活的时代，甚至是对于所有时代而言，都是中国乃至世界最伟大的数学家之一。”[②]而《孙子算经》首次提到了同余式组问题，因此在中文数学文献中也将中国剩余定理称为孙子定理。

第四节　数学珠穆朗玛：哥德巴赫猜想

1900年，在世界数学家大会上，数学家希尔伯特提出23个富有挑战性的数学问题，其中第八个问题包含了哥德巴赫猜想、黎曼猜想和孪生素数猜想。自此以后，希尔伯特的23个问题的光环始终伴随着数学科学发展的车轮，而哥德巴赫猜想的知名度可以说超越了其他所有的数学猜想，在我们国家，由于华罗庚、王元、丘成桐等数学大家的贡献，尤其是陈景润在证明道路上的艰辛攀登，哥德巴赫猜想通过徐迟的报告文学曾经家喻户晓，国人尽知。“自然科学的皇后是数学，数学的皇冠是数论，哥德巴赫猜想则是皇冠上的明珠。”[③]以前老师会经常用“陈景润叔叔证明1＋1＝2，验算了整麻袋的草稿纸”的故事激励我们好好学习。那时候总是疑惑，数学家怎么会做这种无聊的事情，1＋1＝2还需要证明吗？后来长大了，发现我们真是误会了，1加1是不错，但是1并不是田间老农头脑中的1。陈景润也没有证明“1＋1”，而是证明了“1＋2”，虽然1＋1近在咫尺，但却遥不可攀。不过哥德巴赫猜想确实是一个具有十足魅力的猜想，因为要理解它，一位初中生都不会感到丝毫困难，乃至许多人都希望试一试。

一、哥德巴赫猜想的产生背景

无论我们学不学数学，自然数始终伴随着我们。我们会区别奇数与偶数，知道平方数、立方数等，也知道素数（或者叫质数，即只能被1与其本身整除的数）与合数。即使只有这些朴素的知识，我们也能够从中获得一些有趣的东西，领略到数学的魅力。哥德巴赫猜想就是建立在关于自然数的朴素知识基础上的。

① 沈康生．中国剩余定理的历史发展[J].杭州大学学报(自然科学版)，1988(3)：270-282.

② 吴文俊．中国数学史大系[M].北京：北京师范大学出版社，2000.

③ 徐迟．哥德巴赫猜想[J].新华月报，1978(2)：210-220.

“任何一个大于2的偶数都能表示成两个素数之和”，或者说“任何一个大于4的偶数都可以表示成两个奇素数之和”。这就是哥德巴赫猜想的主要内容。两个命题实质是一回事。理解这个猜想并不困难，我们可以举出很多事例来理解，如：

$$8=3+5$$
$$10=3+7=5+5$$
$$12=5+7$$
$$14=3+11=7+7$$
$$16=3+13=5+11$$

上述猜想是关于偶数的哥德巴赫猜想，或称“强哥德巴赫猜想”，该猜想可推出“任一不小于9的奇数都可表示成三个奇素数之和”，这被称为“奇数哥德巴赫猜想”或“弱哥德巴赫猜想”。关于弱哥德巴赫猜想，法国巴黎高等师范学院研究员哈洛德·贺尔夫格特（H.A.Helfgott）在2013年5月发表的两篇论文中宣告了该猜想的彻底证明。[①]但是强哥德巴赫猜想的证明似乎遥遥无期。

哥德巴赫（Goldbach C.，1690—1764年），德国数学家，最后一位宗教音乐家。他曾经做过中学教师，对数学有着浓厚的兴趣与敏锐的洞察力。哥德巴赫之所以名垂青史，是因为他所提出的猜想难倒了后来的研究者，也成就了一代又一代的数学家。

哥德巴赫试图证明他所提出的猜想，但未能成功。于是找出更多的例子对猜想进行验证、肯定或推翻。推翻猜想最直接的方法就是找到一个反例，但哥德巴赫没有找到，找到的是更多肯定的例子，这增加了结论的可信度。哥德巴赫终于在1742年6月17日非常诚恳地写信请教数学家欧拉：能否从理论上论证此猜想，或者找出一个反例来否定它。虽然欧拉不仅在数学发展史上成就卓著，而且也是业界公认的最博学之人，但是他没能给出一个确定性回答。1770年，英国数学家爱德华·华林（Waring Edward）首先公开提出这一猜想。由于欧拉没有解答这一猜想，因而该猜想受到人们的持续关注。该猜想看似简单，其证明却困难异常，困难的本因在于：要建立自然数的乘法性质和加法性质之间一般的联系并不容易，素数是用乘法定义的，而猜想涉及加法。虽然可以找到大量的实例来验证它，但这并不是数学科学追求的严格证明。因此，哥德巴赫猜想成为数学珠穆朗玛。

二、哥德巴赫猜想的艰辛探索

1900年，希尔伯特在国际数学家大会上的演说激发了更多数学家挑战的激情。有人想到一种方法：假设N是大于4的偶数，虽然难以证明N是两个素数之

① 刘刚.三元哥德巴赫猜想被法国科学家彻底证明[J].高等数学研究，2013(4)：119.

和，但证明它可以写成两个数A与B的和并不是件困难的事，即$N=A+B$，其中A和B的素因子个数都不太多。把这种素因子个数都不太多的数取名为“殆素数”。然后再想方设法降低这两个自然数的素数因子的个数，如果这两个数的素数因子的个数能够最终变成1与1，就是两个素数之和了。即是说，先论证对于某个具体的m与n值，每个不小于6的偶数都可表示成不超过m个奇素数的积加上另外不超过n个奇素数的积（简称$m+n$），然后再一步一步逐渐缩小m和n的值，最后降到$m=n=1$时即大功告成。这种做法被称为因子哥德巴赫猜想。这也是一个世纪以来哥德巴赫猜想的主要研究思路。

20世纪，数学家们的研究方法包括筛选法、圆法、幂率法、三角和法等。在证明过程中，源于2000多年前的古希腊学者埃拉托斯塞尼寻找素数时创造的筛选法被经常使用。解决这个猜想的思路，近似于数学研究中的“以退为进”策略，逐步“缩小包围圈”，一步一步逼近最终结果。

这种缩小包围圈的办法在实践中很管用。1920年，挪威数学家布朗（Brun）用筛选法成功得出了一个结论：每一个比4大的偶数都可以表示为“9+9”。数学家们从布朗的成功中看到了曙光，认同了这种论证思路，即从“9+9”开始，逐渐减少每个数里所含素数因子的个数，直至最后使每个数里都只是单独一个素数为止。自布朗证明了“9+9”之后，数学家开始了漫长艰辛的攀登之旅。

1924年，德国的拉特马赫（Rademacher）证明了“7+7”。

1932年，英国的埃斯特曼（Estermann）证明了“6+6”。

1937年，意大利的蕾西（Ricei）先后证明了“5+7”“4+9”“3+15”和“2+366”。

1938年，苏联的布赫夕太勃（Byxwrao）证明了“5+5”。

1940年，苏联的布赫夕太勃证明了“4+4”。

1948年，匈牙利的瑞尼（Renyi）证明了“$1+c$”，其中c是一个很大的自然数。

20世纪50年代后，中国数学家在证明过程中担当了重要角色，获得的成就令世界瞩目。这些成就离不开老一辈数学家华罗庚教授的指引。华罗庚曾于1936—1938年赴英留学，师从数学家哈代研究数论，由此涉足哥德巴赫猜想。1950年，华罗庚回国后在中国科学院数学研究所选择哥德巴赫猜想这一研究主题组织数论研究讨论班，参加讨论班的学生王元、潘承洞和陈景润等后来在哥德巴赫猜想证明上成绩斐然。

1956年，王元证明了“3+4”，随后证明了“3+3”和“2+3”。

1962年，潘承洞和苏联的巴尔巴恩（BapoaH）证明了“1+5”，王元证明了“1+4”。

1965年，苏联的布赫夕太勃和小维诺格拉多夫（BHHopappB）及意大利的朋比利（Bombieri）证明了“1+3”。

1966年5月，陈景润经过7个寒暑的艰辛努力，凭着超人的勤奋和顽强的毅力证明了“1+2”：每一个充分大的偶数都是一个素数加上另外不超过2个素数的积。他的论文手稿长达200多页，经过压缩整理于1973年公开发表。该研究成果在国际数学界产生了巨大的轰动效应，在国内由于徐迟的报告文学《哥德巴赫猜想》更是家喻户晓，陈景润也因此成为举国上下学习的楷模。英国数学家哈伯斯坦姆与德国数学家李希特合著的数学专著《筛法》，原本十章内容，付印时见到陈景润的论文，便加入第十一章，标题为“陈氏定理”。书中写道：“本章是为了介绍陈景润的惊人定理，我们在前十章已经付印时才注意到这一成果，从筛法的任何角度来说，它都是光辉的顶点。”他们还写信给陈景润，称赞他说：“您移动了群山！”①

三、结语

虽然“陈氏定理”离哥德巴赫猜想“1+1”证明只有一步之遥，但这犹如珠穆朗玛峰登顶前咫尺天涯的最后一阶。最终会由谁破解“1+1”这个超级难题，成为数学界至今未果的悬案。虽然2013年弱猜想已经被攻克，但是未能激发数学家们进一步深研的激情。当今的数学家对黎曼猜想似乎更有兴趣，因为数学家们普遍认为黎曼猜想的解决可以带来许多连锁问题的圆满解决，而哥德巴赫猜想却不能实现这一愿景。

本章补遗

一、全体自然数的和

如果问1+2+3+…=？读者可能会认为这个问题没有价值，显然是无穷大！但是如果要说

$$1+2+3+\cdots=-\frac{1}{12}$$

读者或许会认为是无稽之谈，怎么可能等于负数？数学就是这样神奇，会把许多“不可能”在抽象领域内转化为“可能”。全体非零自然数之和当然是无穷大。但是为什么又说是$-\frac{1}{12}$呢？这个问题涉及前面所谈的黎曼函数

① 张文俊.数学欣赏[M].北京：科学出版社，2011：202-207.

$$\zeta(s)=\sum_{n=1}^{\infty}\frac{1}{n^s}$$

在欧拉$\zeta(s)$中，s必须大于1，而黎曼则把其扩展到实部不为1的复数，从而实现了欧拉函数的解析延拓，这样，$s=-1$时，

$$\zeta(-1)=1+2+3+\cdots$$

通过计算，这个函数在-1处的值确实为$-\frac{1}{12}$。因此，认为全体自然数的和是$-\frac{1}{12}$实质是一个误解，严格的数学表达是黎曼函数在-1处的解析延拓值等于$-\frac{1}{12}$。当然，证明也不是简单的事情，需要运用复变函数的多个知识点。

二、最美数学公式

谈到最美数学公式，首选欧拉公式$e^{i\pi}+1=0$，不过看问题的角度不同，观点也可能不同。下面这个公式虽然不似欧拉公式那样简洁明了，但也有人认为这个公式非常漂亮：①

$$\sqrt{\frac{\sqrt{5}-1}{2}+3}-\frac{\sqrt{5}-1}{2}=1+\cfrac{e^{-\frac{2\pi}{5}}}{1+\cfrac{e^{-2\pi}}{1+\cfrac{e^{-4\pi}}{1+\cfrac{e^{-6\pi}}{1+\cfrac{e^{-8\pi}}{1+\cdots}}}}}$$

图 3-2

该公式的绝妙之处是不仅建立了圆周率和e的联系，同时还包含了黄金分割数！该公式的发现者是印度数学鬼才拉马努金（Srīnivāsa Rāmānujan Aiyaṅkār，1887—1920年，图3-2），这个公式只是他寄给数学家哈代的120条公式中的一条，哈代看到拉马努金写的120个公式后一头雾水，虽然没有见过但他确信这些公式是对的，因为没有人能有如此想象力能写出这些漂亮的公式。和谐而又气势磅礴的形式令每一个初次见到它的人都会觉得是神来之笔！不久之后，数学家们就严格证明了上面这个式子。

拉马努金还有一个令人惊诧的无穷公式：

$$\sqrt{1+2\sqrt{1+3\sqrt{1+4\sqrt{1+\cdots}}}}=3$$

① 徐晟.寻找数学有趣的密码[J].湖南教育(下旬版),2017(11):58-59.

这类公式似乎中学老师提过，可能读者会算出“$\sqrt{1+\sqrt{1+\sqrt{1+\cdots}}}=?$”，但对于上面这个结论，可不是那么容易证明的。据说拉马努金曾把这个结果放在《印度数学会刊》上征集证明，结果数月内无人能应。

三、孪生素数猜想

除了2以外，所有素数都是奇数。因此很明显，大于2的两个相邻素数之间的最小可能间隔是2。通过不太困难的验证可以发现，确有一些素数之间的间隔为2。孪生素数指的就是这种间隔为2的素数，它们就像孪生兄弟一样，之间的距离不可能再近了。显然最小的孪生素数是（3，5)，不难罗列出100以内的孪生素数总共只有8组。我们知道素数有无穷多个（这一结论早在古希腊时代就被欧几里得证明)，并且素数在自然数中的分布也是随着数字的增大而越来越稀疏。显然寻找孪生素数随着自然数增大也将会变得越发困难。自然数会不会越过某个界限后就再不存在孪生素数呢？虽然这种可能是存在的，但是长期以来人们倾向于猜测孪生素数有无穷多组，这就是与哥德巴赫猜想齐名的著名猜想“孪生素数猜想”：存在无穷多个素数p，使$p+2$也是素数。这个猜想的一般情况是：对所有自然数k，存在无穷多个数对（p，$p+2k$)。$k=1$时就是孪生素数猜想，早在1849年由波利尼亚克提出。该猜想同样简洁明了，通俗易懂。截至2016年年底，人们发现的最大的孪生素数是：

$$(2996863034895\times 2^{1290000}-1, 2996863034895\times 2^{1290000}+1)$$

该结果是由PrimeGrid的Sophie Germain素数搜索项目中美国的Tom Greer发现的，这对素数有388，342位（图3-3)。[①]

PrimeGrid's
Sophie Germain Prime Search

On 14 September 2016 04:24:46 UTC, PrimeGrid's Sophie Germain Prime Search found World Record twin primes:

$2996863034895*2^{1290000}\pm1$

The twin primes are 388,342 digits long, eclipsing the previous record of 200,700 digits. They will enter Chris Caldwell's "The Largest Known Primes Database" (http://primes.utm.edu/primes) ranked 1st for twins, and each entered individually ranked 4180th overall.

图　3-3

关于孪生素数猜想，我国数学家陈景润在1966年证明：存在无穷多个素数p，使$p+2$要么是素数，要么是两个素数的乘积。

2013年5月14日，英国《自然》杂志在线报道了华裔数学家张益唐证明了

① Linux.PrimeGrid项目发现最大孪生素数[EB/OL].[2016-09-21].http://www.linuxidc.com/linux/2016-09/135389.htm.

“存在无穷多个之差小于7000万的素数对”。报道称张益唐的论文敲开了一个“学界的重大猜想大门”，是孪生素数研究的“重要的里程碑”。纯粹数学领域最著名的刊物《数学年刊》审稿人、解析数论专家亨里克·艾温尼科如是评价张益唐的论文《素数间的有界距离》说：“这是一个有历史性突破的重要工作，文章漂亮极了。”①

下面这个问题与孪生素数有关。请看：

$6^2=36=18+18=7+11+5+13=(5+7)+(11+13)$

$12^2=144=72+72=11+61+13+59=(11+13)+(59+61)$

$18^2=324=162+162=11+151+13+149=(11+13)+(149+151)$

$24^2=576=288+288=17+271+19+269=(17+19)+(269+271)$

$30^2=900=450+450=101+349+103+347=(101+103)+(347+349)$

……

从上面一些实例可归纳出：6的倍数的平方可以分拆成两组孪生素数的和。结论具有一般性吗？据说这是20世纪90年代的一位中国农民梁定详发现的，被称为“梁定详猜想”。由于孪生素数在自然数家族中本属于稀缺之数，因此，该猜想的验证就显得更为困难。

四、四色猜想

四色猜想与哥德巴赫猜想及费马猜想齐名，曾被誉为世界近代数学三大难题。该猜想的正式提出者为英国著名数学家凯莱（Cayley，1821—1895年）。自从1878年凯莱正式向伦敦数学学会提出这个问题后，四色猜想迅速成为全球数学界高度关注的焦点。不过四色猜想的发现者却是英国的一位青年地图绘制工作者弗南西斯·格利斯。1852年，弗南西斯·格利斯无意间发现“每幅地图都可用四种颜色着色，使有共同边界的国家填上不同的颜色”。这是一种有趣的现象，不过是不是具有一般性呢？如果具有一般性，那么该结论能不能运用数学方法加以严格证明呢？他把这个想法告诉在大学读书的弟弟，兄弟两人决定试着去证明。虽然稿纸已经堆了一叠又一叠，但证明一直没有丝毫进展。后来这个问题传到著名数学家迪摩根耳中，迪摩根居然也未能找到解决该问题的通路，于是写信向私交甚密的著名数学家哈密尔顿请教。这个问题也一直没能够被解决。虽然自凯莱公开提出以来，许多顶尖的数学家都参与这个虽然困难却非常有趣的问题研究中，但是数学家们逐渐地开始意识到，这个貌似不太麻烦的问题实质上可能是一个能与费马猜想相媲美的超级难题。因而，数学家们不再急功近利，而是步步为营，逐步观察不同数量国家地图的着色情况。直到1976年，

① 杜文龙.大器晚成的数学明星张益唐[J].教师博览，2014(2)：24.

美国数学家阿佩尔与哈肯在美国伊利诺斯大学的两台不同的电子计算机上，用了1200个小时，作了100亿次判断，终于证明了四色猜想。[①]计算机证明四色猜想的报道轰动了国际数学界，它不仅解决了一个100多年的难题，而且有可能成为数学史上一系列创新思维的发端。当然也有不少数学家并不满足于计算机取得的成果，一直以来，有人认为从纯粹的数学逻辑来说，机器证明不应该成为一个"证明"，至少不是数学研究期望的那种完美，只能算一个验证而已。所以依然有不少人致力于追求一个简洁明快而又纯粹的理论证明。在2016年的互联网上突然出现一个重大新闻[②]：

齐鲁晚报7月5日讯：近日，吉林市数学协会于成仁成功运用数学方法证明出世界三大数学难题之一的"四色定理"。这意味着沉寂百年的世界数学难题由中国人填补了空白。

但是，数学是非常严谨的，不论是谁，证明要经得起学界权威推敲。笔者并没有查阅到关于本报道后续的相关跟进资料。不过，从近年来华人在数学上取得的成就看，我们的确可以欣喜地看到数学大师陈省身当年的世纪猜想正逐步走向现实。

① 张文俊.数学欣赏[M].北京:科学出版社,2011:208-211.

② 佚名.于成仁运用数学方法证明出"四色定理"[EB/OL].[2016-07-05].http://www.qlwb.com.cn/2016/0705/664406.shtml.

第四章
CHAPTER 4

数学解题：数学发现之源

科学的灵感，绝不是坐着等来的。如果说科学上的发现有什么偶然机遇，那么这种“偶然机遇”只能给那些学有素养的人，给那些善于独立思考的人，给那些具有锲而不舍精神的人，而不会给懒汉。

——华罗庚

引　言

在前面几章中我们了解了数学科学的文化积淀、数论研究的艰辛探索，以及璀璨靓丽的数学明珠，本心是期望读者在欣赏数学的过程中去发现数学、探索数学。看到数学发展长河中许多人前赴后继、奋力推进，为某个问题呕心沥血，有人甚至终其一生可能一无所获，读者或许会发出感慨：数学科学令人敬畏，数学探索令人神往，数学研究着实不易。当读者看到数学科学中那些简洁明快、拍案惊奇的数学结论时，或许也会发出感慨：后悔没有早生几百年，自己也许就是另一位哥德巴赫、费马。或许哥德巴赫提出猜想纯属偶然间的脑洞大开，或许费马提出猜想只是偶然间的灵光一闪，但我们应该静心思考一个问题：这种偶然为什么没有被别人抓住？牛顿，我们应该都非常熟悉，现代数学与物理学都离不开他。牛顿从苹果落地获得启发而发现的万有引力定律成为古典力学的基石。哥德巴赫的方法属于实验归纳，牛顿的方法则属于直觉类比，但却有一个值得我们尊崇之处，那就是他们的发现探索的意识与精神，并在这种强烈的意识与精神的驱动下专注沉浸其中，孜孜不懈地追求，从而催生了伟大的发现。在一次国际会议上，苯环分子式的发现者凯库勒自己描述，他长时间思考苯环分子式可能的结构，对碳氢链的异常排列百思不解，由于极度疲劳就在沙发上睡着了，然后他做了一个梦，梦中看见一条蛇在眼前晃来晃去，突然蛇头咬住了蛇尾，梦醒后他恍然大悟，发现了苯环分子式的特殊结构。接下来几章，我们试图通过数学学习中一些成功的发现案例的考察分析，与读者一起感受数学发现的乐趣，探讨发现数学的常用方法、途径。我们相信即使是不喜欢数学的读者也会逐渐对数学产生兴趣，对数学有兴趣的读者可能会在数学上有所为。如果读者是一位数学教师，我们期望读者将这种探索的过程体验通过恰当的方式与学生分享，让更多人喜欢数学、沉浸于数学！

第一节　数学解题的内涵、意义与水平

数学解题是数学学习的基本活动，日常数学学习实质上离不开数学解题。通过解题，巩固数学知识，训练数学技能，感悟数学逻辑；通过解题，体悟数学知识生成与运用中潜藏的思想方法，触摸数学本质；通过解题，加深对所学概念与命题的数学理解，修悟自身的数学素养，通过解题，领悟数学在现实世界的广泛应用。一言蔽之，数学解题贯穿于数学学习始终。

数学解题也是数学研究的基本活动。数学家通过数学解题获得新的数学结论，发现新的数学问题，开拓新的研究领域；普通学习者也可以通过数学解题发现数学、创造数学，领略数学知识学习背后更靓丽的风景，即使这些发现创造是前人已经获得的成果，也可借助发现创造的过程体验加强自身的数学理解，提升自身的数学素养。作为研究的数学解题，其过程经历往往是独具魅力、令人激动的，但是发现与创造必须付出艰辛的先期劳动，数学解题是必备的基础。正如G.波利亚所说："想学会游泳，你就必须下水；想成为解题的能手，你就必须去解题。"在当下基础教育聚焦学生发展核心素养的大背景下，我们应当立足于更高层面深刻认识数学解题的内涵与价值。

一、何谓"数学解题"

顾名思义，数学解题就是解决数学问题，小至一个学生算出作业的答案、一个教师授完定理的证明，大至一个数学课题结论的肯定或否定、一项数学技术应用于实际构建出适当的模型等，都叫作解题。

数学解题可以从不同的角度进行分类，根据问题的智力挑战特征一般可分成两类：一类是无智力挑战性数学解题，通常表现为解题过程中一些常规算法的应用与组合，只需要解题者套用现成算法，而不需要主动积极地思考与探索。例如，中学生根据等差数列求和公式求出某个等差数列的前n项和，小学生根据同分母与异分母分数加减法则计算两个分数的和或差。另一类是智力挑战性数学解题，一般不能通过模仿或直接套用已知算法或规则来解决，必须经过思考与探索，灵活运用各种数学知识和策略才能达到目标。这类解题类似于"问题解决"。例如，中学生根据已有知识探索两角和与差的三角函数计算公式，小学生根据已学知识探索不规则图形的面积计算问题。数学解题究竟属于哪一类，关键是看是否具有思考与探索的特征。例如，数学王子高斯计算"1＋2＋3＋…＋100＝?"，儿童时期的高斯解决该题没有进行单一的机械计算，也没有现成公式可套用，而是对算式进行了巧妙的"处理"，这种处理就是对解题捷径的思考与探索，而成年时期的高斯解决该题则可直接套用已有的等差数列求和公式解决。

因此一个数学问题的智力挑战特征是相对的，会因人而异、因时而变，不能一概而论。

数学解题虽然也会考虑问题的智力挑战特征，但更多情况下是根据问题设计者的预设目标进行的训练。通过训练，理解与感悟数学科学内部的基本规律，使学习者学会像数学家那样“数学地思维”。问题的设计应侧重对学习者已有知识的巩固，或关注其某方面素养的生成与发展；数学解题具有显著的智力挑战特征，这一特征使数学解题活动破解了传统的知识巩固的价值取向，通过思考与探索指向更有价值、更有意义的目标，因此往往更能够吸引学习者沉浸于解题活动，并从中体悟数学科学的内在魅力，感受数学学习的乐趣。在基础教育新课程改革视域下，数学解题不仅体现在数学知识学习末期，更是凸显于数学知识形成始端。无论形成概念，推导定理、公式，还是探究结论都离不开解题学习。①这里所说的解题显然已经超越了传统意义下单一、枯燥的训练式解题，更为恰切的表述是“问题解决”。例如，小学数学中加法结合律学习即是通过引领儿童经历现实问题解决并归纳若干特例共性获得的，而中学数学学习中组织学生通过主题探索或专题研究获得知识意义的深刻理解则更加普遍。因此，从某种意义上讲，现代教育观念下的数学学习过程是通过数学解题活动研究数学的过程。学习者通过解题不仅可巩固已学知识技能，也可获得新的知识技能。

何谓“解决”？传统的解题观把数学问题解决的目标定位于求出问题的答案。随着教育思想观念的不断更新与转变，人们对数学解题的内涵逐渐获得更为清晰的理解，尤其是随着现代教育理念的与时俱进，人们认识到数学解题不仅是结论的获得，更为重要的是在此基础上的进一步思考与探索。因此，问题解决更为宽泛地诠释了数学解题的内涵：数学解题不再表征为单一的知识巩固与技能训练，也是一个发现与探索的过程。从创造性人才培养的角度出发，在解题活动中突出再发现与再创造，引领学习者创造素养的修悟与生成，这也是当下学校教育指向学习者核心素养发展的最高境界与价值诉求。这一理念的广泛接纳不仅可使学习者更为真实地理解数学的本质规律，而且能使学习者获得对数学课程与数学学习的全新认识，数学学习并不是单调乏味的解题，而是成功与快乐的过程体验。

实际上，这一解题观早在G.波利亚的著作《怎样解题》中就有体现。波利亚在其著作中给出了一个宏观的解题程序，分成四步：弄清问题、拟订计划、实现计划、回顾。②这个程序成为后来的研究者广泛认同的观点。但是在解题实践中，无论是无智力挑战性练习题还是智力挑战性数学问题的解决，或者是小学生的作业题、中学生的课题，我们的解题学习高度关注了前三步，而淡化甚

① 张辉蓉.数学解题教学是非之争及思考[J].中国教育学刊,2010(5):38-42.

② G.波利亚.怎样解题[M].阎育苏,译.北京:科学出版社,1982.

至摒弃了波利亚特别强调的第四步。即是说，当下的数学解题学习仅仅满足于答案获得的低层次水平。波利亚非常重视解题后的回顾与思考，并把其作为数学解题的一个重要步骤，正是因为这一步骤可以恰切地诠释数学解题的“研究性”特征，在解决一个问题后，解题者应该升华数学解题的价值意蕴，考虑有没有其他更简洁或者更本质的解题方案；问题的解决方法有没有一般性，能否对同类问题解决带来启发，可否迁移运用于其他类似的问题场景中；问题有没有更一般的或特殊的结论，等等。在学校教育聚焦核心素养发展的背景下，我们应该重新认识与理解大师高屋建瓴、高瞻远瞩的观点。①

二、核心素养发展与数学解题学习

我国基础教育经历了应试教育向素质教育转轨，再从素质教育转向聚焦学生核心素养发展的历程，自从2014年教育部研制印发《关于全面深化课程改革落实立德树人根本任务的意见》提出“教育部将组织研究提出各学段学生发展核心素养体系，明确学生应具备的适应终身发展和社会发展需要的必备品格和关键能力”以来，发展学生核心素养成为现代基础教育课程与教学改革的主流理念。2016年，核心素养研究课题组推出《中国学生发展核心素养报告》，构建了关键能力与必备品格的内容框架。该报告的出台为步入深水区的基础教育改革确正了航向，但是对各个学习阶段、各门课程学习中的学生发展核心素养依然存在不同观点。例如，就数学学习来说，什么是数学核心素养，如何发展学生数学核心素养等问题依然存在不同观念。当前高中阶段学生发展的数学核心素养的框架结构已经明确，即数学抽象、逻辑推理、数学建模、数学运算、直观想象、数据分析六大核心素养。义务教育阶段的数学核心新素养框架也即将随着新的《义务教育数学课程标准》出台。无论从什么角度诠释，数学核心素养的培育与发展必然离不开数学解题。解题理应是学习者数学核心素养发展的必经路径。学习者通过解题，从不同角度发展自身诸多数学核心素养是数学解题学习内在的价值诉求。

核心素养视域下的数学解题有预成性与生成性之分。预成性解题的目标通常由出题者预先设定，指向明确，关注既定答案或方案的获得，侧重已学知识巩固或关注解题者某方面核心素养发展。解题过程或是已有知识的直接运用，或是通过认知性操作从条件指向目标的寻路过程，“操作”往往包含着具体路径或手段的探寻。无论是“试误”还是“顿悟”，路径探寻都必须运用各种解题策略方法，这些策略方法正是数学思想不同角度的行为表征；生成性解题往往目标多维开放，成果超越预设，实质是期望在问题解决的答案或方案基础上进一

① 于国海.优化与生成——数学解题的价值取向[J].数学通报，2011(2)：10-12.

步思考，获得关于问题的更为宽泛或深刻的认识。这些认识可以是解题策略方法的迁移、多样化解题方案的产生、新结论生成等。生成式解题实质凸显了“解题后回顾”。无论是预成性还是生成性解题，都是数学解题学习应有之义。因此，现代教育对学生核心素养发展的关注凸显了数学解题在学习中的关键地位。

三、数学解题学习的水平

虽然数学解题贯通数学学习始终，但并非所有数学解题都具有核心素养发展的价值期望。数学解题学习客观上存在层次或水平差异。对于同一问题，不同解题者往往可能表现出不同的学习水平。例如，一个代数问题用代数方法解答与用几何方法解答，解题者思维的层次性、灵活性与创造性必然存在显著差异。又如，初中生解一元二次方程，若系数特别，直接套用求根公式与用“十字相乘法”求解的解题水平应有不同。再如，小学生学习两位数乘两位数后，一些学生能熟练进行计算操作，但遇到多位数乘多位数却无从下手，而另外一些学生却能依据已学法则顺利迁移，尝试类推出多位数乘法计算方法，解题水平也有差异。基于数学核心素养发展视角，可把数学解题学习分成双基巩固、思想感悟、思维创造三种水平。这三种水平的数学解题在学习者数学核心素养生成与发展过程中发挥着不同的功能。

（一）初级水平：指向双基巩固

双基即基础知识、基本技能，双基巩固是数学学习的基层目标。在我国传统的教育体系中，双基训练是学生数学学习的重要路径。

通过记忆掌握知识、通过训练形成技能固然是基本途径，但这种学习本质上是机械的，在理解基础上掌握的知识技能才能获得有效保持。数学解题则是双基理解的高效途径。通过解题，学习者能感受到所学知识技能的应用，也能加深对所学知识技能本质的理解。由于这类解题往往属于预成性的，因此解题价值定位直接关系解题活动的质量。例如，为使小学生掌握三角形面积计算公式，基本的应用问题训练即能达到目标；为使初中生掌握一元二次方程求根公式，可设计若干一元二次方程进行训练。双基巩固性解题学习更多情况下是借助无智力挑战性问题的解决进行的，本质是技能性的，难以有效促进学习者数学核心素养的发展，但核心素养本质上是承载于知识技能基础的“关键能力与必备品格”。因此，双基巩固性解题不可偏废，问题的呈现方式应与时俱进。

例如，对小学生进行计算技能训练，可以通过大量的试题进行训练，但是如果把一些具有共同特征的试题成组呈现可能效果更好，如“计算13－9，14－9，15－9，16－9”，不仅可以训练技能，而且可以渗透函数思想，引导解题者感悟

"两个数相减，被减数改变，减数不变，差也改变"的数据的因果变化关系，从而提升双基巩固型解题的价值。

（二）中级水平：指向思想感悟

数学思想是数学科学的灵魂，而数学的策略方法则是数学的行为，引领学习者感悟数学思想历来是数学教育目标的重中之重。数学解题除了直接套用已有知识外，还需要运用相关策略方法探寻解题路径。这些策略方法往往就是数学思想的具体表征，因此学习者感悟策略应是核心素养视角下数学解题学习的重要任务，也只有通过解题学习中的策略感悟才能深刻理解所学知识的来龙去脉、逻辑关联，增强对数学本质的理解，从而最终实现知识意义的自主建构。从这一角度讲，初级水平的解题学习往往只能达到对知识技能的机械性巩固，中级水平的解题学习才能在双基巩固基础上理解蕴含在解题活动中的数学内核。例如，初中生解一元二次方程，基本方法是求根公式，但许多方程由于数据的特殊性可采用"十字相乘法"，其本质是把一元二次方程转化为两个一元一次方程，若学生不理解方法的本质，就不能迅速地根据系数特征灵活选择方法，从而导致一些学生在很长时期内遇到很容易解的方程依然机械套用求根公式，而且经常出错。

应予指出的是，某些初级水平的解题学习在特定境域中可转化为中级水平的解题学习。例如，小学数学中一道求梯形面积的考题，A学生直接套用公式迅速达到目标，B学生没有记住公式，但他把梯形分割转化成他知道的图形面积，虽然花费了很多时间，但最后也求出答案。在现行机制下，A学生优势显然，对于B学生，或许教师会认为该学生没有掌握相应的知识点或者解题过程很"繁"，并且由于考试时间限制，B学生的做法很可能影响成绩。但从核心素养发展角度看，B学生的解题过程反映出其对数学知识的前后勾连理解深刻，对"转化"这种思想方法领悟到位并能自觉运用，即是讲，B学生实质表现出良好的数学素养。由此可见，解题过程的繁简不应成为衡量解题水平的标尺。数学是需要思考的，不能单纯通过解题速度的快慢来评价学生学习的好坏。①

（三）高级水平：指向思维创造

创造性素养是数学核心素养发展的最高境界，也是数学解题学习所追求的最高目标。在创造性解题学习中，学习者往往需要灵活提取已有知识以及能驾驭的各种策略方法，如化归、归纳、类比、特殊化、一般化等方法，通过思维发散、求异、批判等，发现新的解题方案或新的数学结论，引发思维创造。由于中小学生的知识结构与思维发展状况不同，该水平的解题学习在中小学数学中有不同的表现。

① 史宁中，等．关于高中数学教育中的数学核心素养[J]．课程·教材·教法，2017(4)：8-14.

例如，一个初中生通过思维训练，能够根据“44×37=1628，66×28=1848，22×64=1408”中的数据特征，运用归纳推理洞察该类等式蕴含的规律，在实践中发现小学中高年级学生也能够进行这样的归纳，这种现象充分说明了思维的层次性差异。一个值得注意的现象是：没有经过系统的思维训练，可能大学生也看不出上述等式中蕴含的一般规律。

再如，一个高中生可以根据三角形与四面体的诸多类似之处引发类比推理：既然三角形的面积计算公式是$S_{\triangle}=\frac{1}{2}ah$，四面体的体积公式是$V_{四面体}=\frac{1}{3}Sh$，计算三角形面积还有公式$S_{\triangle}=\frac{1}{2}ab\sin\theta$，有没有一个计算四面体体积的方法与第二个三角形面积公式相对应呢？一个四面体，若相邻三条棱确定，并且三条棱两两相交所夹的角也确定，这个四面体必然也被确定，若放宽其中任何一个条件，四面体就不能被确定。这说明四面体的体积理论上可以表示成三条棱的长度与两两所夹角的三角函数关系式，从而通过思考、探索、论证获得类似结论。在该案例中体现出来的类比思维具有显著的创造性，但是若不经过系统的思维训练，学习者的解题活动难以达到这一水平。

第二节　为发现而解题

数学解题最基本的目标是巩固双基，缺失知识技能的基础，核心素养的发展势必成为空中楼阁、云中亭榭，因此我们不应该因噎废食，但数学解题应在双基巩固性解题基础上立足于中高级水平的解题学习。通过解题，学习者不仅巩固了已学知识，体会知识应用价值，更重要的是在解题过程中其数学学科的核心素养可不断获得沉积与提升。另外，由于数学核心素养的优劣往往制约着数学解题学习的水平，若学习者的数学核心素养全面完善，无疑可灵活运用各种解题策略方法迅速指向目标，甚至催生解题的创造性。因此，我们应该追求目标指向更高的数学解题活动。

但在学校教学实践中，由于主客观原因，学习者数学解题活动并未从本质上实现这一栅障突围。教育者为了使学生巩固已经学习的知识要求学生解大量的习题，这些习题经常是枯燥的、无趣的，因此解决一个数学问题后，解题者通常不愿、不想、不会进行更多的思考，甚至连解答的对错都不愿去想一想。根据数学解题的水平理论，这种解题往往是初级水平的训练式解题，长此以往这样的解题也会使学习者认为数学解题缺乏成就感，一些学生对数学学习产生厌恶感的根源往往就在于此。因此，教育者有必要在新的教育背景下反思当下数学解题的教学实践。如果把这种训练式解题转化为层级更高、价值感更强的数学解题，解题活动必将成为对学习者数学发展更有趣、更有价值也更有成就感的过程。

数学解题的目标使学习者获得对数学本质更为真实深刻的理解，并在数学领域获得可持续的发展。发展不仅包括知识结构的不断完善，而且包括思想的感悟体会、策略的顺利迁移，乃至学习者创造潜能的开发。传统的解题训练侧重于促进学生数学知识与方法策略的系统理解与掌握，已不能适应当下核心素养发展的需要。一方面，以答案获得为目标的初级解题取向固然可以巩固已学知识，发展学习者基本数学能力，但从创造性人才培养的需求考虑，这种低层次的价值取向容易抑制学习者的发现创造的热情，易使学习者创造能力的培养成为虚幻的目标；另一方面，教学实践也表明，繁复的解题训练容易使学习者对数学课程产生审美疲劳，抹杀对数学学习的激情。因此，数学解题学习亟须改变这种状况，成为对学习者数学发展更有价值、更为有益的活动，如优化方案的思考与追求，可迁移策略的概括与总结以及特殊或一般的结论的进一步生成。优化解题方案，生成新的数学结论，应成为数学解题学习的价值取向。这种解题观无论对于学习者还是教育者都提出了较高的要求，从心理学角度说，这需要学习者具备一定的自我学习能力与自我反思意识，而这种能力与意识正是学习者最薄弱的、学校教育教学所忽视的方面。

一、追求解题方案的多样化

在数学解题活动中，引领学习者思考多样化解题方案是发展学习者数学核心素养的有效路径。当学习者解决一道数学问题后，并不满足于单一方向的思维，而是善于转换角度，多方思维，进一步考虑多样化的方案，无论是独立考虑（即传统教学中的一题多解，指向深度思维）还是在同伴讨论交流基础上形成的方案多样化（指向合作学习），学习者所获得的发展必然不只是知识巩固层面的，还是层级更高的核心素养，这些素养的长期沉积就可能通过一个现实场景（甚至是一个非数学的场景）的问题刺激催生学习者的创造性，这种创造性不仅会体现于后续的数学学习中，甚至可以延伸到其他学科的学习乃至将来所从事的职业工作中。

例如，在几何课程学习中，学习者都可能有这样的亲身体验：一道几何题往往证明方案几种、十几种甚至几十种，如勾股定理的证明就有几百种。如果一个学习者在日常解题活动中习惯于进行一个证明题的不同角度多种证明的自我思维训练，并以此为乐（这是非常关键的，否则学习者会认为是一种无聊的或者无价值的活动），相信他的几何学习水平会与时俱进，甚至成倍递增。因此，多样化方案的追求可使学习者获得对所学内容更为深刻的数学理解，也能使学习者获得数学内在美感的熏染与数学解题的成就感体验。一言蔽之，多样化方案的追求可以非常有效地训练学生像数学家那样进行“数学的思维”。

例如，已知：$0<a<1, 0<b<1$，求证：$ab+\sqrt{(1-a^2)(1-b^2)}\leqslant 1$。

本题运用代数方法证明并不太困难，只需要按部就班，根据分析法思路简证即可。

先将其转化为$\sqrt{(1-a^2)(1-b^2)}\leqslant 1-ab$，由于$0<a<1, 0<b<1$，即证$(1-a^2)(1-b^2)\leqslant(1-ab^2)$，展开所证不等式，得$1-a^2-b^2+a^2b^2\leqslant 1-2ab+a^2b^2$，整理得到$2ab\leqslant a^2+b^2$。这是显然成立的。因此，原题获证。

上述证明中，应用代数方法循规蹈矩，思路清晰，并且可以体会到分析法解题的思维逻辑。但是，若从问题的学习价值看，还有更值得解题者追求的方案，这些方案突破了常规的代数范围的思考，更具创造性。实际上，如果解题者能直觉联想到三角函数或者直角三角形的勾股定理，则可以深刻感悟到该问题所隐含的数学本质，获得具有广泛迁移价值、更巧妙的证明方法（类比构造）。

证法一：设$a=\cos\alpha, b=\cos\beta$，则$\sqrt{1-a^2}=\sin\alpha, \sqrt{1-b^2}=\sin\beta$，

$$\begin{aligned}&ab+\sqrt{(1-a^2)(1-b^2)}\\&=\cos\alpha\cos\beta+\sin\alpha\sin\beta\\&=\cos(\alpha-\beta)\leqslant 1\end{aligned}$$

当且仅当$a=b$时等号成立。

证法二：如图4-1所示，同一平面内构造两个直角三角形ABC与ADC，斜边均为1。显然四边形$ABCD$为圆内接四边形，AC为直径1，因而$BD\leqslant AC$。根据平面几何中托勒密定理“圆内接凸四边形两对对边乘积的和等于两条对角线的乘积”，得到：

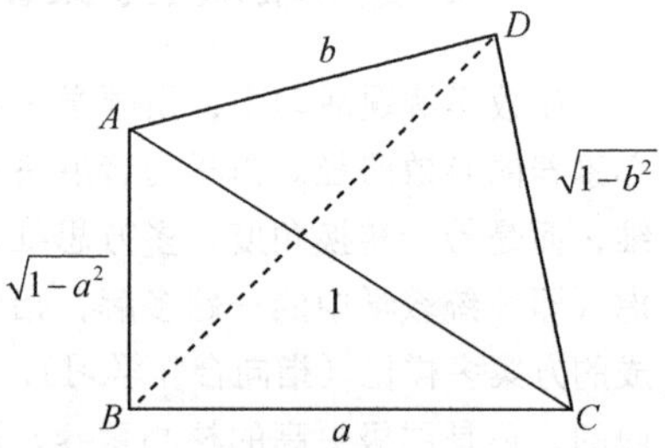

图 4-1

$$\begin{aligned}&ab+\sqrt{(1-a^2)(1-b^2)}\\&=BC\cdot AD+AB\cdot CD\\&=AC\cdot BD\leqslant AC^2=1\end{aligned}$$

当且仅当$a=b$时等号成立。

上述两种证明方法突破了思维的惯常模式，巧妙简洁。这一巧妙之处还可以类推到解决类似的问题处。例如，已知：$0<a<1, 0<b<1$，求证：$a\sqrt{(1-b^2)}+b\sqrt{(1-a^2)}\leqslant 1$。

这个问题用代数方法证明比较麻烦，但利用三角或几何方法证明却非常简单。本题的证明通过类比构造实现了代数、几何、三角三个初等数学分支的完美结合，思考这些多样化的方案也有助于学习者感悟数学科学内在的本质联系。

二、追求解题方案的最优化

在解题活动中，我们经常有这样的体验：同样都解决了问题，但是两位解题者的思路方法大不相同，解题过程也可能繁简各异。在传统的解题学习中，学习者可能并不关注方法的不同，而仅仅关注答案的对与错（教师可能也是如此），甚至在一些大型考试中也是如此，一道分值5分的填空题可能决定考生将来的人生，出题者可能并不关注解题过程的审美追求。事实上，追求解题方案的优化反映了解题者数学审美的内在需求，这种需求的实现往往可使学习者获得学习成就感，进一步激发其数学解题的积极性。

数学解题方案的优化包括对问题答案的修正，对策略方法的优选和解题方案的改进等。解题的优化程度往往能体现学习者对问题涉及领域的洞察与理解水平以及学习者内在的审美价值取向。无论是对自己解题过程的品鉴性优化还是对同伴解题过程的批判性优化，都需要学习者具备较强的反思性学习能力，这种能力的形成需要在平时的学习过程中有意识、有目的地加以自我训练。例如，针对上述例子，有的学习者会认为代数方法更具迁移价值，有的学习者会认为几何方法更巧妙，也有学习者会认为三角方法更简洁。这里再引入一个例子。

例　如果a，b，c是正数，则

$$\frac{a^2}{b+c}+\frac{b^2}{c+a}+\frac{c^2}{a+b}\geqslant\frac{a+b+c}{2}\text{（当且仅当}a=b=c\text{时等号成立）}$$

这是一道非常对称的不等式，曾是早年的一道中学生竞赛题。通常证明如下。

令$a+b+c=s$，则

$$\begin{aligned}&\frac{a^2}{b+c}+\frac{b^2}{c+a}+\frac{c^2}{a+b}\\&=a\frac{a}{s-a}+b\frac{b}{s-b}+c\frac{c}{s-c}\\&=a\frac{s}{s-a}+b\frac{s}{s-b}+c\frac{s}{s-c}-s\\&=s\left(\frac{s}{s-a}+\frac{s}{s-b}+\frac{s}{s-c}-3\right)-s\end{aligned}$$

$$\because\frac{s}{s-a}+\frac{s}{s-b}+\frac{s}{s-c}\geqslant 3s\sqrt[3]{\frac{1}{(s-a)(s-b)(s-c)}}\geqslant\frac{9}{2}$$

$$\therefore \frac{a^2}{b+c}+\frac{b^2}{c+a}+\frac{c^2}{a+b}\geqslant \frac{s}{2}=\frac{a+b+c}{2}$$

上述证明方法确实非常巧妙，但是仔细分析可以发现，上述证明方案并不具有一般性，直觉告诉我们，分子指数如果大于2，则不易解决；而下面的证明则简洁明快，扼住了上述不等式蕴含的本质属性。

由算术—几何平均不等式知：

$$\frac{a^2}{b+c}+\frac{b+c}{4}\geqslant a$$

$$\frac{b^2}{c+a}+\frac{c+a}{4}\geqslant b$$

$$\frac{c^2}{a+b}+\frac{a+b}{4}\geqslant c$$

因此$\frac{a^2}{b+c}+\frac{b^2}{c+a}+\frac{c^2}{a+b}\geqslant \frac{a+b+c}{2}$。

显然，这一证明不仅形式上更简洁，而且揭示了解决这类问题的一般方法。比较这两种证法，第二种方法应是我们解题活动追求的最优化解法。最优化解法往往能揭示问题的内在本质，它具有优美、和谐或者对称、简洁等特点，能充分体现数学解题的审美诉求，并且往往能够对一类问题的解决提供可借鉴的思想方法与思维路径。

三、追求问题的生成性思考

追求解题方案的优化可使学习者获得对问题所涉及领域更为一般的或更深刻的数学理解。如果能在此基础上引发对问题涉及领域的生成性思考，则往往可以激发学习者原初的创造潜能，使学习者的数学核心素养发展指向更高境界。问题的生成性思考包括经验性生成，是指通过反思解题活动经验重构或完善已有认知结构；概括性生成是指对数学问题解决的方法策略进行优化与概括，形成一种可迁移的解题思路，进而上升为对一类问题解决具有指导意义的数学思想、方法与策略；创造性生成是指在对数学问题重新认识的基础上，通过推广、引申等，生成具有更一般或特殊意义的新的数学问题。

例如，根据上述不等式，我们可以类似地考察下述更一般的概念：① n个正数$a_1,a_2,\cdots,a_n$的情形；② a_i的指数为m次($m\in \mathbf{N}$)的情形。

方向①：若从不等式变量的个数着手，即增加变量的个数，是否可以生成更一般的命题呢？这一思考是很自然的。在不等式中有许多这样的案例，如两个正数的均值不等式可以推广到三个乃至n个正数的均值不等式。当然，为了使我们的探索更有信心，避免做无意义的思考，不妨先研究一下其他的特殊情况。

例如，先看看命题“若$a,b>0$,则$\frac{b^2}{a}+\frac{a^2}{b}\geqslant a+b$”是否成立。答案是肯定的，证明也不困难。因此从原不等式出发，可以生成更一般的命题。

命题1：如果$a_1,a_2,\cdots,a_n$为正数，则

$$\frac{a_1^2}{a_2+a_3+\cdots+a_n}+\frac{a_2^2}{a_1+a_3+\cdots+a_n}+\cdots+\frac{a_n^2}{a_1+a_2+\cdots+a_{n-1}}\geqslant\frac{a_1+a_2+\cdots+a_n}{n-1}$$

方向②：沿着a_i的指数方向，也可类似地获得以下命题。

命题2：如果a，b，c是正数，$n\in\mathbf{N}$，则

$$\frac{a^n}{b+c}+\frac{b^n}{c+a}+\frac{c^n}{a+b}\geqslant\left(\frac{2}{3}\right)^{n-2}s^{n-1}\quad\left(\text{这里}s=\frac{a+b+c}{2}\right)$$

命题3：如果a，b，c为正数，n为自然数，则

$$\frac{a^{2n}}{b^n+c^n}+\frac{b^{2n}}{a^n+c^n}+\frac{c^{2n}}{a^n+b^n}\geqslant\frac{(a+b+c)^n}{2\times3^{n-1}}$$

命题2与命题3形式上略复杂，不等式右边的表达式要根据等号成立的情况以及一些特例进行推测。

对于上述两个推广方向的思考，能否统一起来生成更一般的命题呢？答案是肯定的。形式上的推广如下。

命题4：如果$a_1,a_2,\cdots,a_n$为正数，m为自然数，则

$$\frac{a_1^{2m}}{a_2^m+a_3^m+\cdots+a_n^m}+\frac{a_2^{2m}}{a_1^m+a_3^m+\cdots+a_n^m}+\cdots+\frac{a_n^{2m}}{a_1^m+a_2^m+\cdots+a_{n-1}^m}\geqslant\frac{(a_1+a_2+\cdots+a_n)^m}{(n-1)n^{m-1}}$$

现在的问题是：刚才只是对原始命题进行了形式上的推广，这些命题正确吗？如果我们试图证明它们，该从哪里下手呢？注意到原始命题的最优化证明往往蕴含了问题中最为本质的东西，恰恰能给予某种启发。如针对命题1可以证明如下。

记$s=a_1+a_2+\cdots+a_n$，即证$\sum\limits_{i=1}^{n}\frac{a_i^2}{s-a_i}\geqslant\frac{s}{n-1}$。

由于$\frac{a_i^2}{s-a_i}+\frac{s-a_i}{(n-1)^2}\geqslant\frac{2}{n-1}a_i,(i=1,2,\cdots,n)$，因此$\sum\limits_{i=1}^{n}\frac{a_i^2}{s-a_i}\geqslant\frac{2s}{n-1}-\frac{ns-s}{(n-1)^2}=\frac{s}{n-1}$。

从上述证明我们可以深刻体会到最优化方案在数学解题中的思维价值。

G.波利亚曾说：“当你找到第一棵蘑菇后，要环顾四周，因为它们总是成堆生长的。”在数学解题学习中，当我们获得问题的答案后，应该善于进一步思考，追求答案或方案的优化，以便获得对问题更深刻的数学理解。同样，当学习者发现一个新数学命题后，应该善于进行更深的发掘，在更深刻地探索问题的过程中提升数学解题的层次，升华对该类问题的认识水平。学习者应该学会

进一步思考下述问题。

(1) 有没有更深刻、更普遍的结论？

例如，上述命题实质上还可以继续发掘，得到更深刻的结论。

命题5：若$a_i>0(i=1,2,\cdots,n),m,n,k\in\mathbf{N}$,且$m\geqslant 2k$，则

$$\frac{a_1^m}{a_2^k+a_3^k+\cdots+a_n^k}+\frac{a_2^m}{a_1^k+a_3^k+\cdots+a_n^k}+\cdots+\frac{a_n^m}{a_1^k+a_2^k+\cdots+a_{n-1}^k}\geqslant\frac{a_1^{m-k}+a_2^{m-k}+\cdots+a_n^{m-k}}{n-1}$$

为了证明上述命题，先给出一个引理：

若$a_i>0(i=1,2,\ldots,n),m,y\in\mathbf{N}$,且$m\geqslant y$，则

$$a_1^m+a_2^m+\cdots+a_n^m\geqslant\frac{1}{n}(a_1^y+a_2^y+\cdots a_n^y)(a_1^{m-y}+a_2^{m-y}+\cdots+a_n^{m-y})$$

下面给出命题5的证明。

记$s_i=a_1^i+a_2^i+\cdots+a_n^i,(i=0,1,2,\cdots)$,

由于$\dfrac{a_i^m}{s_k-a_i^k}+\dfrac{a_i^{m-2k}(s_k-a_i^k)}{(n-1)^2}\geqslant\dfrac{2}{n-1}a_i^{m-k},(i=1,2,\cdots,n)$,

则$\displaystyle\sum_{i=1}^n\frac{a_i^m}{s_k-a_i^k}\geqslant\frac{2s_{m-k}}{n-1}-\frac{s_k\cdot s_{m-2k}-s_{m-k}}{(n-1)^2}$。

另外，由引理知

$$s_k\cdot s_{m-2k}\leqslant ns_{m-k}$$

因此，$\displaystyle\sum_{i=1}^n\frac{a_i^m}{s_k-a_i^k}\geqslant\frac{s_{m-k}}{n-1}=\frac{a_1^{m-k}+a_2^{m-k}+\cdots+a_n^{m-k}}{n-1}$

(2) 问题解决的策略能否迁移到一类问题解决中？能否创造出更有意义的问题？通过推广后的命题居高临下，往往能获得许多有意义的特殊化问题。

命题6：设a，b，c，d是满足$ab+bc+cd+da=1$的非负实数，试证：

$$a_i>0(i=1,2,\cdots,n),\text{并且}a_1a_2+a_2a_3+\cdots+a_{n-1}a_n+a_na_1=1$$

$$\frac{a^3}{b+c+d}+\frac{b^3}{a+c+d}+\frac{c^3}{a+b+d}+\frac{d^3}{a+b+c}\geqslant\frac{1}{3}$$

命题7：设$a_1,a_2,\cdots,a_n$是正数，并且$a_1+a_2+\cdots+a_n=1$，试证：

$$\frac{a_1^2}{a_1+a_2}+\frac{a_2^2}{a_2+a_3}+\cdots+\frac{a_{n-1}^2}{a_{n-1}+a_n}+\frac{a_n^2}{a_n+a_1}\geqslant\frac{1}{2}$$

命题6是第31届IMO备选题THA-2，命题7是第24届全苏数学奥林匹克试题。我们不难发现，两个命题均是原始命题先一般化再特殊化的结果。当解题者把握了上述一系列命题演化的脉络结构，则可居高临下，迎刃而解。

从上述案例我们可以感受到，作为学习任务的数学解题，除了知识巩固以外，还有许多值得追求的方面，这些追求可能就是学习者数学核心素养生成与发展的关键路径。譬如上述问题的思考过程，实际上我们已经历类似数学家探

索未知领域的“特殊化到一般化，一般化再回到特殊化”的“数学的思维”过程。如果数学解题教学能够关注并指向这些更有意义、更有价值的活动，训练学习者的优化意识、生成意识，那么，数学解题学习对于学习者来说就不再是乏味的、令人厌倦的，而是发自内心的、快乐的、成功的体验，这种体验往往可以刺激学习者数学发现与创造热情。我们期待着核心素养发展背景下数学解题教学观的转变。

第五章
CHAPTER 5

观察与实验：数学发现之门

在任何知识领域中，想要比较逼真地描述发明家们所遵循的方法总是困难的。然而，谈到数学家们的心理过程，科学的历史却广泛地确认了一条简单的事实：观察在他们思考过程中有着重要的地位并起着很大的作用。

——法国数学家艾米特

当欧拉猜想到一个一般结论时，他会很高兴，试图去证明它。但是，如果找不到证明，而只有一些令人信服的实验证明，他几乎也会感到同样的欣慰。

——法国数学家安德雷·韦依

引　言

谈及观察与实验，我们首先想到的是物理学、化学、生物学等自然科学，在许多社会科学中也有用到观察与实验的方法。观察与实验是科学家发现新事物、获得新思想的最基本的方法，也是受教育者最基本的学习与研究方法。学习者通过观察与实验方法理解所学知识的内在本质与相互关联，研究者通过科学的观察与实验收集研究对象的数据信息，并对其进行分析思考，揭示蕴含其中的奥秘或者抽象概括出一般规律。数学科学则不同，逻辑的严密性被认为是传统数学的三大特点之一，数学科学中的定理与猜想往往泾渭分明。即是说，传统数学追求的是严密的逻辑论证，观察与实验则可能经常被质疑。但是并不能因此否定观察与实验在数学学习和研究中的客观存在，毕竟那些历史上的数学大家的数学研究也经常始于观察与实验。这里所说的观察与实验和物理学、化学等自然科学的物质化观察与实验不同，更多情况下，数学面对的往往不是物化对象，而是数据、图形之类的思想材料，属于思想实验，特别是在纯粹的数学研究中更是如此。

从历史上看，早年的数学家通过大量数据演算获得开创性认识，如哥德巴赫猜想，费马、欧拉等数学大家所发表的成果也可能是基于观察与实验获得的认识。数学教育家G.波利亚在其著作中指出："数学有两个侧面，一方面它是欧几里得式的严谨的科学，从这方面看，数学像是一门系统的演绎科学；但另一方面，创造过程中的数学看起来却像一门实验性的归纳科学。"数学科学的两面性特征要求教育者与受教育者都必须重视其实验性的归纳特征，过分倾向逻辑演绎是偏颇的。实际上，这种学科特征也正广泛地体现在当下的学校数学课程中。例如，一名小学生学习数学知识，如乘法分配律，教师会引导他观察若干等式，认识蕴含其中的数学共性，并通过进一步的验证获得数学结论。数学界泰斗欧拉认为，数学这门科学需要观察，也需要实验；数学王子高斯曾提到，他的许多定理都是靠实验发现的。因此，观察与实验也是数学学习的重要方法。

第一节　数林奇葩——金蝉脱壳

一、金蝉脱壳[①]，至死不变

我们先来观察两组自然数：123789，561945，642864；242868，323787，761943。

每组各有三个数，每个数都是六位数。

首先，把这两组数分别相加，它们的和完全相等，即 $123789+561945+642864=242868+323787+761943$。

其次，计算这两组数各自的平方和，结果也是相等的：$123789^2+561945^2+642864^2=242868^2+323787^2+761943^2$。

最后，把上面两组数中每个数的最左边一位数字依次抹掉，该操作并不会改变数组的这一特征，即有：

$$23789+61945+42864=42868+23787+61943$$
$$23789^2+61945^2+42864^2=42868^2+23787^2+61943^2$$
$$3789+1945+2864=2868+3787+1943$$
$$3789^2+1945^2+2864^2=2868^2+3787^2+1943^2$$
$$789+945+864=868+787+943$$
$$789^2+945^2+864^2=868^2+787^2+943^2$$
$$89+45+64=68+87+43$$
$$89^2+45^2+64^2=68^2+87^2+43^2$$
$$9+5+4=8+7+3$$
$$9^2+5^2+4^2=8^2+7^2+3^2$$

这就像“金蝉脱壳”，脱掉最后一层，金蝉却还是货真价实的金蝉，其个性可谓至死不变！

现在我们反其道而行之，把原来两组数的数字再试着逐个从右边抹掉，看看会不会出现什么有趣现象。经过如此变动之后，这种“金蝉脱壳”特征居然还能一直保持下来。

$$12378+56194+64286=24286+32378+76194$$
$$12378^2+56194^2+64286^2=24286^2+32378^2+76194^2$$
$$1237+5619+6428=2428+3237+7619$$
$$1237^2+5619^2+6428^2=2428^2+3237^2+7619^2$$
$$123+561+642=242+323+761$$
$$123^2+561^2+642^2=242^2+323^2+761^2$$
$$\cdots$$
$$1+5+6=2+3+7$$
$$1^2+5^2+6^2=2^2+3^2+7^2$$

① 于国海.数林奇葩——金蝉脱壳[J].中学生数学，2000(1)：22.

其实，我们上面介绍的是数论中著名的“等幂和问题”。一般地讲，如果个数相同的两组不同自然数$a_1,a_2,\cdots,a_n$与$b_1,b_2,\cdots,b_n$，它们的和相等并且平方和直至m次方和也相等，则这两组自然数构成一个n元m次等幂和数组，不妨记为$\left\langle a_1,a_2,\cdots,a_n|b_1,b_2,\cdots,b_n\right\rangle_m$。在第二章我们曾经介绍过一个高次等幂和数组：

$$\langle 1,6,7,23,24,30,38,47,54,55|2,3,10,19,27,33,34,50,51,56\rangle_8$$

这个数组从1次幂到8次幂，两组数的方幂和都相等，但计算到9次方幂，两组数的方幂和相等的性质消失了。

这里为简便起见，二次等幂和数组书写时略去下标。例如：

$$\langle 312,756,867|423,534,978\rangle$$

$$\langle 8531,4115,3326|7322,6533,2117\rangle$$

$$\langle 16867,57312,62756|24978,38423,73534\rangle$$

$$\langle 123789,561945,642864|242868,323787,761943\rangle \ (*)$$

以上都是三元二次等幂和数组。

由于数位相同的二次等幂和数组往往具有“金蝉脱壳，至死不变”的性质，即依次抹掉这些数组中每个数最左边或最右边若干个数字，并不能改变数组的本质特征，因此该类数组极具数学品鉴价值。在国内外，它一直吸引着众多的数学爱好者去探寻其中的奥秘，许多人希望找到更多的等幂和数组，但至今仍未能彻底解决问题。

二、构造等幂和数组

我们能否设法构造等幂和数组？等幂和数组除了上面列举的以外还有其他的吗？数组的规律存在某种必然性吗？数学探索就是要善于从偶然中发现必然，我们可以来设法构造一个等幂和数组。

从上述数组的性质出发，构造一些一位数等幂和数组还是比较容易的。例如：

$$\langle 1,5,6|2,3,7\rangle$$

$$\langle 9,5,4|8,7,3\rangle$$

我们能尝试利用它们生成新的等幂和数组吗？这一点也不复杂，答案可以写出很多。例如，19，54，65；28，37，73。

这两组数显然和相等，如果平方和相等就可以了。

算算看，我们发现希望落空了。是不是我们考虑的方向有问题？不要泄气，还有很多其他组合（总共有36＋36＝72种）。我们如果坚持下去，至少会碰巧发现

$$19^2+55^2+64^2=28^2+37^2+73^2$$

即是说19，54，65与28，37，73构成了等幂和数组。

这个结论着实令人振奋。终于找到了一个数组，似乎看到黎明前的曙光。确切地说是在已有数组基础上生成了一个新数组，并且符合我们的预期。看来我们思考的方向没有错！

有没有其他等幂和数组呢？我们也可以对其余71种情况一一验算，但这非常麻烦，也容易使人生厌。可不可以在原来数组基础上找到某种可能的规则构造出来呢？我们尝试把两个数组中的数按照从小到大排列，如图5-1所示。

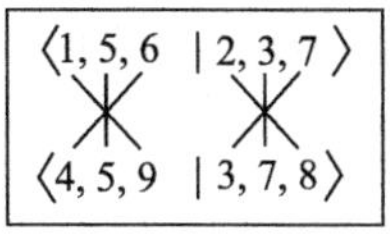

图　5-1

然后再试着把上面数组中对应的数用线段连接起来，看看有没有某种令人欣喜的现象。

读者可能会惊讶地发现，左边与右边的连线图非常对称。这一现象似乎告诉我们距离成功越来越近了！如果我们画出其他对称的箭头是不是也能构造呢？

这的确是一个大胆的念头！幸运的是，我们成功了！通过这种规则，我们找到了一系列等幂和数组，例如：

$$\langle 14,55,69|23,37,78\rangle$$

$$\langle 14,59,65|27,33,78\rangle$$

综上所述，一位数的等幂和数组确实能够生成两位数甚至多位数的等幂和数组。我们注意到等幂和数组（*）中相同数位上的数字主要就是上述一位数数组中的数。因此，如果能发掘到某种规律，我们就能从已知的等幂和数组出发，构造出新的等幂和数组。

现在，再回到等幂和数组（*）。把构成数组（*）的一位数数组列举出来，像刚才探索两位数等幂和数组那样，把其中的数从小到大排列，然后把对应的数用箭头连接起来，看看有什么现象。

奇迹出现了！等幂和数组（*）是六个一位数等幂和数组（包括三个数成等差数列的恒等幂和数组）的“对称组合”。仔细观察发现，左边与右边的线条非常对称，如图5-2所示。

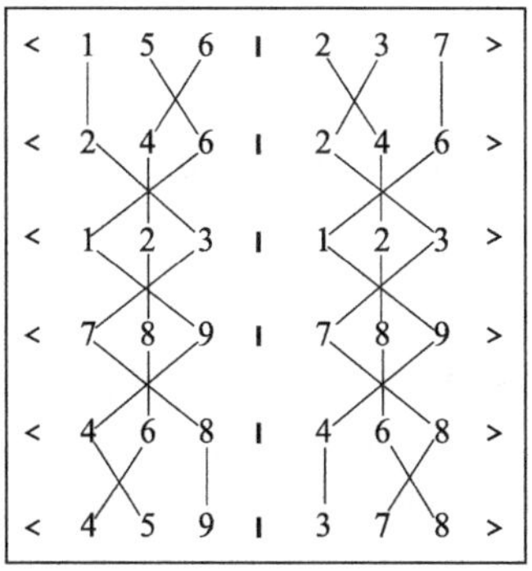

图　5-2

一个很自然的问题是：把已知的若干等幂和数组中的数从小到大排列之后，进行“对称组合”，能不能形成新的等幂和数组呢？

读者可以试着组合一下。需要注意的是，这种新的构造思路是建立在实验与验证基础上的，并没有进行严格的理论证明。

在此，再向读者推荐另外一个等幂和数组：

$$\langle 193333,648787,854842|276466,482521,937975\rangle$$

该等幂和数组图解如图5-3所示。

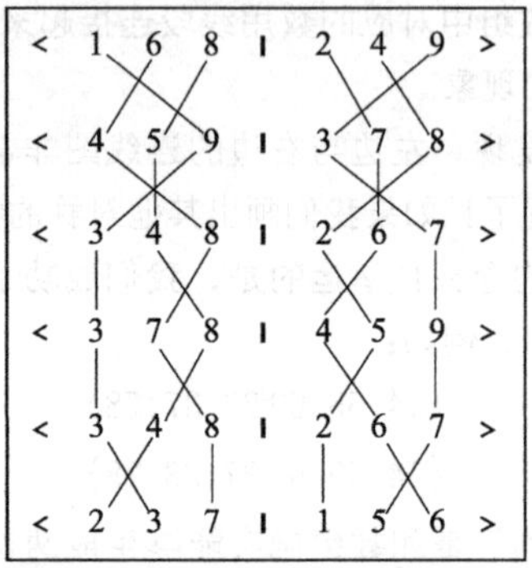

图 5-3

读者也可运用上述方法构造新的等幂和数组。需要指出的是，参与构造新等幂和数组的数组也可以是恒等幂和数组，但其中三个数应能构成等差数列。例如3，5，7；3，5，7就能参与构造，而1，2，8；1，2，8等就不能参与构造。

综上所述，我们通过观察与实验找到了一种构造等幂和数组的方法，从而也就不难理解等幂和数组为什么往往具有“金蝉脱壳”的性质了。需要再次提醒的是，再多的实验也不能保证结论在数学意义上的正确性，毕竟没有经过理论证明确认，有可能获得一个隐含“假象”的错误规律。但是，在数学发现中观察与实验的确是非常有效的方法。

第二节　冰 雹 游 戏①

首先，我们从冰雹的形成谈起。

当水汽受到上升气流的推动升到高空，冻结成小冰粒之后，在云层中忽上忽下，越积越大，最后一下子落下来，这样就形成了冰雹。

在数学王国里，有这样一类游戏：对一定范围内的任意一个对象（通常是

① 葛淑燕.冰雹游戏趣谈[J].小学数学教师，1998(5)：74-77.已征得作者同意，有改动.

自然数），按照预设的规则进行反复操作，虽然在操作过程中结果忽大忽小，但是最后可能会出现奇迹，都变成某一个数，像冰雹一样掉下来。这类游戏与冰雹的形成过程极其类似，我们不妨统称这类游戏为“冰雹游戏”。

正如冰雹有各种形状一样，数学里的冰雹游戏也多姿多彩，精彩纷呈。这里介绍几类典型的冰雹游戏如下。

一、角谷静夫系列

角谷静夫（かくたに しずお，1911—2004年）是日本的一位著名数学家。虽然角谷静夫提出的不动点定理在经济学和博弈论中被频繁使用，但他所提出的角谷静夫猜想可能名气更盛、更接地气，被广大数学爱好者所熟知。这是一个典型的冰雹游戏，游戏的规则也是简单易行。

任意给出一个非零自然数m：

如果它是偶数，则将它除以2（变成$m/2$）；

如果它是奇数，则将它乘以3再加上1（变成$3m+1$），然后重复上述过程。

上述游戏程序简单易行，小学生也非常容易操作。据说当初是一位日本的中学生发现，后来只不过由角谷静夫从日本带到美国再提出而已。[①]该游戏的奇妙之处是无论取什么自然数（非零），最后都无一例外地得到自然数“1”（更为恰切的说法是进入“1→4→2→1”的死循环），更有人将这种死循环称为“数据黑洞”。这种类似数据黑洞在本书中会多次涉及。已经有人对所有小于$100\times 2^{50}=112589990684262400$的非零自然数进行验算，无一例外都会出现这种奇特现象。

例如：

$$10\to5\to16\to8\to4\to2\to1\to4\to2\to1$$
$$17\to52\to26\to13\to40\to20\to10\to5\to$$
$$16\to8\to4\to2\to1\to4\to2\to1$$

为了行文方便，我们约定对所给数按照预设规则进行一步操作用符号“→”表示，下同。

那么，是否对于所有的非零自然数都有如此现象呢？这个问题看起来似乎不太困难。当我们进行大量实验后甚至会想当然地认为应该如此。因为我们的演算从未出现反例。数学科学研究追求的是严谨，不要轻易下结论。就像哥德巴赫猜想，虽然没有出现反例，但不能以此认定是正确的结论。实际上，该问题与许多数论问题一样，让无数的数学家怎么冥思苦想也不得其解。因此只能称它为一个猜想。

---

① 徐品方，陈宗荣．数学猜想与发现[M]．北京：科学出版社，2012.

这个猜想大约是在20世纪50年代被提出的。其发源地也有多种说法，一种说法是首先在美国的西拉古斯大学被师生津津乐道，因而在西方有人称其为“西拉古斯（Syracuse）猜想”；不过更多的数学文献则倾向于以日本数学家角谷静夫的名字命名，称其为角谷静夫猜想。1960年，角谷静夫曾撰文描写这个猜想时说：一个月里，耶鲁大学人人都在研究这个问题，但是没有任何结果，我到芝加哥大学提出这个问题后，也出现了同样的现象。甚至有人开了个玩笑说，这个问题是苏联克格勃的阴谋，其目的是企图减缓美国数学研究发展。不过我对克格勃有如此远大的数学眼光表示怀疑。

因为这是个形式上很简单的问题，要理解这个问题所需要的知识不超过小学三年级的水平，所以角谷静夫猜想的名气似乎远远不及费马等大数学家的猜想。该猜想有着一大堆其他形式的命名，如哈斯（Hasse）算法问题、乌拉姆（Ulam）问题、克拉兹（Collatz）问题，等等。还有研究者认为物质奖励会有助于问题的解决。最初是1970年，考克斯悬赏50美元，后来大数学家保尔·厄尔多斯（Paul Erolos）悬赏500美元，后来英国数学家施威茨把赏金提升到1000英镑。这些悬赏使更多的人知道了这个猜想，也激发了许多数学爱好者来碰碰运气，尝试去证明它。不过已经有无数的数学家和数学爱好者尝试过，其中不乏世界上第一流的天才数学家，他们都没有成功。有位记者曾向厄尔多斯请教这个问题，并且问他发展得非常完善的现代数学为什么对这个看似简单的问题还是无能为力。厄尔多斯回答说：“数学似乎还没有准备好来解答这个所谓简单的问题。”如果读者能在短时间内找到一个自认为正确无误的“证明”，那还是应该仔细严格地推敲一下。如果读者对这类游戏确实感兴趣，不妨换个角度思考，譬如是否可以尝试去构造类似的冰雹游戏。

事实上，在上述冰雹游戏的启发下，我们可以类似地构造出一系列冰雹游戏。

(1) 任意给出一个自然数，操作如下：

如果它是偶数，则除以2；

如果它是奇数，则加上1，然后重复以上操作。

游戏最后会无一例外地进入“1→2→1”的循环。例如：

$$18\to9\to10\to5\to6\to3\to4\to2\to1\to2\to1;$$

$$21\to22\to11\to12\to6\to3\to4\to2\to1\to2\to1。$$

(2) 任意给出一个自然数，操作如下：

如果它是奇数，则加上3；

如果它是偶数，则除以2，然后重复以上操作。

游戏最后会无一例外地进入“1→4→2→1”或“3→6→3”的循环。例如：

$$7\to10\to5\to8\to4\to2\to1\to4\to2\to1$$

$$30\to15\to18\to9\to12\to6\to3\to6\to3$$

(3) 任意给出一个大于1的自然数，操作如下：

如果是质数，则将它乘以2再减去2；

如果是合数，同时是偶数，则除以2；

如果是合数，同时是奇数，则加上1。

然后，重复以上操作过程，会不会出现什么有趣的现象呢？

二、“123”系列

“123”这个数在数学里也许太普通了。但是我们如果赋予一些特别的条件，它就会华丽转身，成为一个不平常的数。什么条件呢？观察构成“123”的三个数字，若依次写出偶数，奇数与整数的个数，奇迹出现了，操作的结果还是“123”。然后，我们试着任意写出一个自然数，按照上述规则反复操作，会出现一些有趣的现象吗？

经过大量实验，我们发现操作的最终结果都是“123”。例如：

$$4720 \to 314 \to 123$$

$$450867 \to 426 \to 303 \to 123$$

从此游戏出发，我们可以构造出更多的系列游戏。

(1) 对于任意一个自然数，依次写出构成它的各个数字中的奇数、偶数与质数的个数，得到一个新自然数；然后重复上述操作，会不会出现一些有趣的现象呢？

经过大量实验，我们发现操作的最终结果都得到了数211。例如：

$$9992 \to 311 \to 301 \to 211$$

$$75208943 \to 444 \to 030 \to 121 \to 211$$

211是不是唯一的结果呢？数学研究需要实验，但不应轻易根据实验现象武断地下结论。在数学研究中直觉断言导致的错误屡见不鲜。不妨多想一些数，按如上规则操作，看看有没有其他结果。

(2) 对于任意一个自然数，依次写出构成它的各个数字中的合数、质数与1的个数，得到一个新自然数。然后按此规则反复操作，看看会不会有奇迹出现。读者不妨试一试。

三、“6174”系列

“6174”这个数对于广大数学爱好者来说也许并不陌生。最先发现者是印度数学家卡普列加。如果任意写出一个各位数字不全相等的四位数，把它各位上的数字从大到小排列，得到另一个四位数；再从小到大排列又得到一个四位数(高位如果有零，仍保留)，把这两个四位数相减（大数减小数），得到一个新的四位数（如果不是四位数，则高位添零）。然后对这个四位数反复进行上述操作，最终无一例外地进入“6174”的“数据黑洞”。

例如：

5298:
9852－2589＝7263
7632－2367＝5265
6552－2556＝3996
9963－3699＝6264
6642－2466＝4176
7641－1467＝6174

上述过程即：

5298→7263→5265→3996→6264→4176→6174。

再如：

4805:
8540－0458＝8082
8820－0288＝8532
8532－2358＝6174
7641－1467＝6174

上述过程即：

4805→8082→8532→6174

类似地，如果我们对任意写出的一个各位上数字不全相等的三位数，按照上述规则反复进行同样操作，则会发现无一例外地得到495，这是该规则下三位数的“数据黑洞”。读者看到这里会想到什么呢？试着找些三位数或者四位数演算？固然可以，但是如果读者能够很自然地考虑下面这样一些问题，那么可以肯定地讲，你的数学发现意识开始逐步形成了。

如果思考任意写出的一个各位数字不全相等的五位数，如果进一步思考六位数、七位数，等等，会如何呢？也按照上述步骤进行反复操作，会不会也出现一些可能的奇迹呢？

根据规则对三位数进行操作得到495的内在原因是因为954－459＝495，对四位数进行操作得到6174的内在原因是7641－1467＝6174，并且在三位数与四位数中仅仅各有一个。那么五位数中存不存在一个数具有这样的特征？这是很自然的思考。若有，直觉告诉我们，对任意五位数进行操作很可能获得成功。我们当然可以把五位数一个一个地梳理过去，但这并非我们数学研究所追求的方法，我们期望寻找一种简单的方法进行判断。因此可以通过类似的实验进行观察。

下面是对一些五位数实验的结果。

实验1：

64383
86433－33468＝52965

96552－25569＝70983
98730－03789＝94941
99441－14499＝84942
98442－24489＝73953
97533－33579＝63954
96543－34569＝61974
97641－14679＝82962
98622－22689＝75933
97533－33579＝63954
…

上述过程即：

64383→52965→70983→94941→84942→73953→
63954→61974→82962→75933→63954→…

实验2：

52698：
98652－25689＝72963
97632－23679＝73953
97533－33579＝63954
96543－34569＝61974
97641－14679＝82962
98622－22689＝75933
97533－33579＝63954
…

上述过程即：

52698→72963→73953→63954→61974→82962→75933→63954

实验3：

58483：
88543－34588＝53955
95553－35559＝59994
99954－45999＝53955
…

上述过程即：

58483→53955→59994→53955→…

实验4：

30492：
94320－02349＝91971
99711－11799＝87912
98721－12789＝85932

98532 − 23589 = 74943
97443 − 34479 = 62964
96642 − 24669 = 71973
97731 − 13779 = 83952
98532 − 23589 = 74943
…

上述过程即：

30492 → 91971 → 87912 → 85932 → 74943 → 62964 → 71973 → 83952 → 74943 → …

观察上述四个实验的数据信息，并未发现一个期望的五位数，不过令人欣慰的是，细心观察实验过程，出现了另一种有趣的现象，即出现了数据的死循环现象，或者说操作过程最终都进入了一个由若干数构成的“数据黑洞”，如图5-4所示。

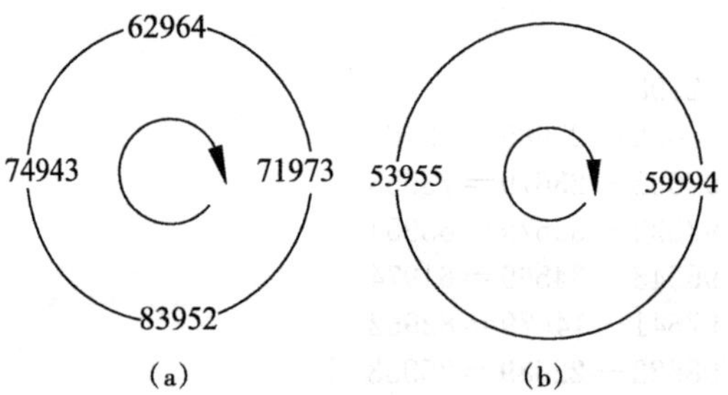

图 5-4

进一步考虑以下问题。

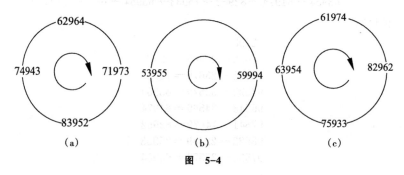

(1) 五位数中有无其他的数据黑洞？实验表明：没有。

(2) 一个五位数与相关黑洞有无内在的必然联系？六位数呢？七位数呢？

(3) 数据黑洞中的数据的个数（或者说数据黑洞的长度）存在规律吗？

关于六位数，人们已经发现了两个单元素数据黑洞549945与631764。另外还有由7个数组成的数据黑洞，如图5-5所示。

关于七位数，人们已经发现一个由8个数组成的数据黑洞，如图5-6所示。

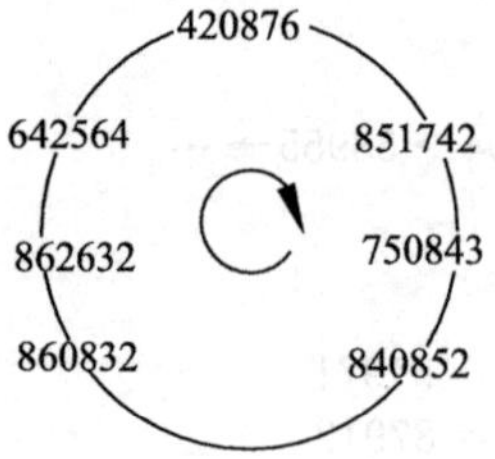

图 5-5

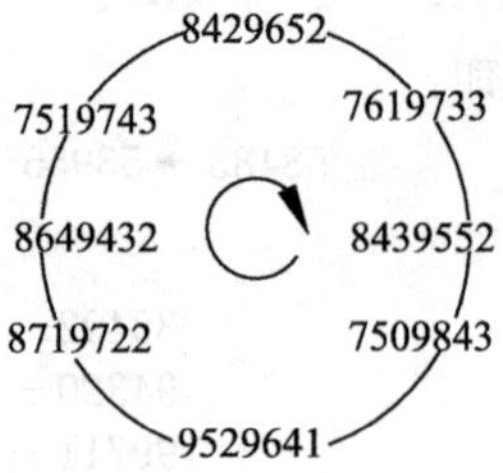

图 5-6

关于八位数，人们已经发现两个单元素数据黑洞97508421与63317664。另外，还有两个分别由7个数与3个数组成的多元素数据黑洞，如图5-7所示。

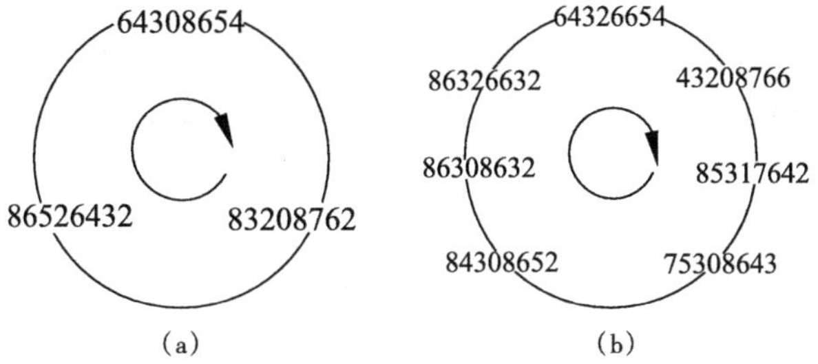

图 5-7

关于九位数，人们已经发现两个单元素数据黑洞554999445与864197532。另外，还有一个由14个元素组成的数据黑洞，如图5-8所示。

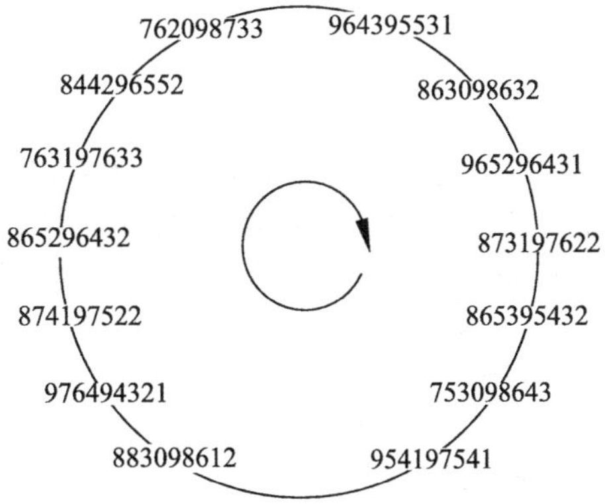

图 5-8

关于十位数，人们已经发现三个单元素数据黑洞9753086421，9975084201与6333176664，以及两个分别由7个数与3个数组成的多元素数据黑洞，如图5-9所示。

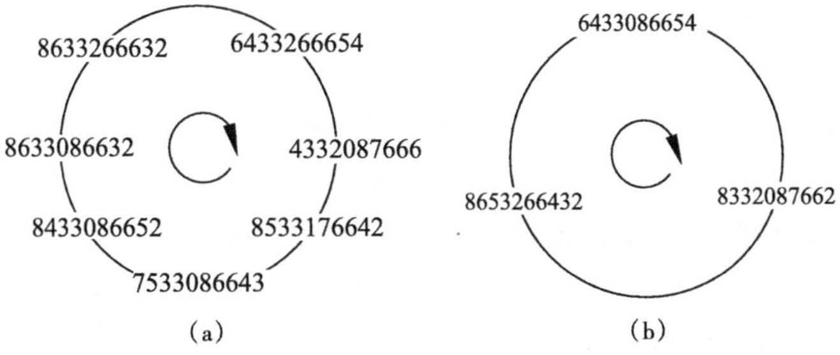

图 5-9

如果读者有兴趣，还可以进一步探索。如果把游戏的实验过程编写成一个程序，借助计算机完成，可能更方便，只是缺少了一些数学的感性欣赏乐趣。容易证明，对于任何自然数$n\geqslant 2$，连续做若干次变换必定要形成数据黑洞。这是因为由n个数字组成的数只有有限个。但是对于$n\geqslant 5$，数据黑洞的个数以及数据黑洞中自然数的个数有无一般规律，目前尚不清楚，这也是一些数学爱好者热衷于探索的一个话题。

上述冰雹游戏都是在大量实验的基础上归纳得到的，而且可以通过实验进行验证。在上述游戏的启发下，读者能不能构造出更多的冰雹游戏，为这个大家族添砖加瓦？

第三节　讨论：数学发现中的观察与实验

无论是我们的日常学习活动还是科学家的研究活动，观察与实验往往是相辅相成的基本方法。法国化学家拉瓦锡在《化学原理》一书“序言”中写道：“我们必须相信的只有事实：这些事实是自然界提供给我们的，是不会欺骗我们的。我们在任何情况下都应该使我们的推理受到实践的检验，除了通过实验和观察的自然道路去寻求真理之外，别无他途。”通过观察获得的认识可能是感性的、表层的、肤浅的、不深刻的，“眼见为实”，但也可能“眼见不实”，因此需要通过相关的实验增加说服力。实验往往也离不开观察，只有细心观察并科学分析实验现象，才可能洞察实验现象背后的本质，形成科学认识。巴甫洛夫在实验室的墙壁上写下“观察、观察、再观察”的座右铭，后来成为苏联科学院生理研究所的宣传标语。任何实验都离不开观察，科学实验更是如此。

一、科学观察与科学实验

观察与实验是收集科学事实、获取科学研究第一手材料的关键路径，是形成、检验科学理论的最基本实践活动。在一般科学活动中，观察与实验也是经常采用的方法论工具。

湖南省的一个农村生产队，在1964年以前禾苗年年遭受虫害，粮食总是不够，亩产最多五百斤。那里最厉害的虫害是一种叫蚁螟的虫，它们能使水稻枯心，农民最初看到禾苗出现白线子才喷药。可是农药喷了，虫却没治好。看到这种情形，有一位农民决定想方设法根治这种虫害，可是有人却认为他文化层次低，不可能做出这样的事来，但是他不理会这些看法。当第一代螟蛾出生后，他就守在田边观察，看蛾子如何产卵，发现卵块的地方就插标记，记下产卵日期，看它什么时候孵化。不管刮风下雨，日夜不离田边，他终于掌握了这种害虫的生长规律，于是就找到方法消灭它们，后来也控制了其他虫害，粮食亩产逐渐增至一千二百多斤。①

在上述这个故事中，该农民采用的实际上就是一种科学观察方法。科学观察是人们利用感官认识自然界各种事物与现象的活动。与一般的感性认识相比较，科学观察具有明确的目的性与计划性，因此也可认为是感性认识的高级样态。科学观察包括自然观察，即日常语言中的“用眼睛看”，这里强调的是对被观察对象不做任何条件限制，如伽利略通过吊灯摆动现象观察认识了摆的等时性；实验观察，即对科学实验产生现象进行观察。科学实验是人们有目的地利用物质化手段，在特定条件下获取科学事实的认识活动。这里强调的是实验对象的人为控制和条件约束，如伦福德通过枪炮制造实验质疑“热质说”，认为应把热看成一种特殊的运动形式。总之，科学的观察与实验是人们获得经验知识的有效途径，是人与自然的对话。②在认识活动中，观察与实验往往是人们认识事物相互促进的两个方面：当自然观察不能达到预期目标或解决问题时，需要进一步借助实验进行研究；在科学观察中，对科学实验的数据或现象进行分析通常也必须抽丝剥茧、消除干扰，否则容易产生对实验数据或现象的片面理解或歪解。与单纯的观察相比较，科学实验更有利于研究者获得经验性材料，也更有利于发挥人的主观能动性。人类对客观世界的正确认识，就是通过反复观察、不断实验形成与发展的。正如元素周期表的发现者、俄国著名化学家门捷列夫所说：“科学的原理起源于实验的世界和观察的领域，观察是第一步，没有观察就不会有接踵而来的前进。”③

二、数学观察与数学实验

在科学研究中，人们一般通过观察、实验、类比、归纳、分析、综合等一系列方法策略来分析与解决问题。数学研究中的一些基本方法与科学研究的某些方法存在类似之处，但是数学研究也有其自身的独特性，其研究对象经常是一种形式化的思想材料，虽然这些思想材料源于经验，但是通过思维的抽象化与概括化，可能已经远离甚至摒弃了事物的具体内容，这种独特性使数学中的一些方法具有了自身的独特表征。就观察与实验方法而言，数学与物理、化学

---

① 自由灵魂．发现数学定理的秘密[J].数学教学通讯，2010(7)：8.

② 桂起权，张掌然．人与自然的对话——观察与实验[M].杭州：浙江科学技术出版社，1990.

③ 章建萍．提高科学观察能力有效性的策略研究[J].内蒙古教育，2009(4)：52-54.

等其他学科的观察和实验方法虽有相似之处，但是客观上存在很多差异甚至具有本质不同。其他学科中，观察与实验对象往往具有物质化特征，数学观察与实验的对象虽然有时也具有物化特征，如小学生借助小棒、圆片等学具的观察活动体验从具体到抽象的数学过程，更多情况下面对的往往是数据、图形之类的思想材料，属于思想实验，特别在纯粹数学研究中更是如此。数学实验经常是思想、思维层面的操作，即根据研究目标，人为地预设、改变或控制某种数学场景，在特定境域下经过思想、思维层面的操作，研究某种数学现象中蕴含的数学规律。通过思想实验，往往会形成新概念，提出新猜想。当然，要使数学猜想成为定论，还需要进行周密的逻辑论证。

（一）学习数学需要观察与实验，发现数学更需要观察与实验

传统数学教育通常追求数学科学的逻辑抽象、理性思辨，这种观念使观察与实验方法在数学学习中常常被弱化甚至漠视，缺失用武之地。实际上，数学科学中许多知识的生成都经历了数学家“先猜后证”的认识过程，即先合情推理再演绎推理，而观察与实验在经常情况下是“猜”的第一步。因此，重视观察与实验是数学学习与研究的方法论回归，其地位不应弱于“证”的学习。合情推理与演绎推理的学习应同等重要，弱化哪一方面都是有偏颇的。因此，作为一种数学解题与数学发现的实用方法，作为一种数学学习中经常运用的思维方式，我们应当把数学观察及数学实验与数学的逻辑推演同等对待。

1. 学习数学需要观察与实验

在数学科学发展的早期，数学家们是非常重视观察与实验的，直到欧拉、高斯等近代的数学巨匠，都还亲自动手实践进行数学观察与实验。只是后来随着数学基础理论的建立与完备，一些崇尚欧氏几何训练模式的人把逻辑推理看成数学科学至高无上的思维和研究方式，甚至否定数学学习与研究中观察与实验的价值。希尔伯特与其后的布尔巴基学派的数学观就带有这一倾向。但是随着现代教育理论的推陈出新，尤其是20世纪50年代G.波利亚的强烈呼吁，教育界逐渐确立了“猜”在学校教育中的地位，观察与实验获得普遍认同，成为数学学习不可或缺的基本环节。

其实在日常学习过程中，观察和实验本就是早期阶段数学学习的基本方法。幼年时用手指数1、2、3、4等自然数，实质就是借助实物的数学操作。在小学里学习“商不变的性质”和“分数的基本性质”就是通过观察几组算式而发现的；平行四边形、三角形和圆的面积计算公式就是在操作实验和观察基础上认识的。在进一步学习中，有时观察与实验也是必需的。例如，圆面积公式的推导，并不是论证推理能够解决的，必须进行数学实验，而且是难以回避的思想

实验；再如用数学知识去解决实际问题如统计分析，那么我们就得深入实际收集数据、整理数据、分析数据，观察各种数据中潜藏的数学现象，并据此作出推断或预测。因此，观察与实验是数学学习、理解、运用不可或缺的方法。

2. 发现数学更需要观察与实验

纵观数学科学发展史，许多重大发现都离不开观察与实验。欧拉在他的《纯粹数学中的观察实例》中写道："今天人们所知道的数的性质，几乎都是靠观察得来，并且往往早在严格论证确认其正确性之前就被发现，甚至到现在还有很多的性质我们很熟悉但还不能证明，只有通过观察我们才能认识它们。因此我们看到，在仍然还不完善的数论中，我们可以寄厚望于观察。这些观察将导致我们以后尽力予以证明的新的性质。这类仅以观察为旁证而仍然未被证明的知识，必须小心地和真理区别对待。我们看到过单纯的归纳引起的错误，因此我们要非常小心，不要把那一类我们靠观察经由归纳得来的数的性质信以为真。诚然，我们要利用这一发现机会，去更加精确地研究所发现的性质，证明它或反驳它，这两方面我们都会学到有用的东西。"①

（二）如何通过观察与实验发现数学

观察与实验是数学发现的基础，要发掘一个深刻的数学结论，需要通过归纳、类比、一般化、特殊化等数学发现的方法策略，但发现往往来源于数学材料的原生观察与目标指向的操作实验，即便思想实验也是如此。因此，掌握科学的观察与实验方法就像是叩开了数学发现的大门。

1. 明确目标，多角审察，强化发现意识

虽然无明确目标的观察与实验有时也能碰巧获得某种认识，但由于非本质现象的干扰，这种认识往往是表层的、肤浅的。因此有效的观察与实验应当预设明确的目标。一位收藏者可能对石头的色彩斑斓感兴趣，但可能把一个古生物化石误认为是一个普通石头而漠然视之。相反，一位古生物学家可以从专业的角度鉴别一块普通石头的研究价值，从一块古生物化石中观察到许多有价值的现象。一个小学生百无聊赖时设定规则进行数学计算，虽然也看到角谷静夫猜想描述的"冰雹"现象，但这种现象可能不会使他意识到蕴含其中的深刻道理，因为他没有目标或者说没有强烈的数学发现意识。如果学习者在数学学习过程中能心怀一种探索新事物的愿景、发现新事物的冲动，他就不会任务式地、盲目地、枯燥地解题，而会在潜在目标的引导下，多角度考察问题的解决方案，多维度思考问题的探索方向，关注解题的副产品，并带着疑问反复实验、反复观察。一言蔽之，没有发现意识难以走上数学发现成功之路。

① G.波利亚.数学与猜想(第一卷)[M].李心灿，等译.北京：科学出版社，2001:1.

2. 眼心并用，由表及里，洞察事物本质

要透过事物的表面现象洞察事物本质，离不开双眼。但是仅仅停留于双眼观察，可能一个重大的发现就此从眼角逃逸。事物的本质往往蕴含在事物现象的背面，用眼观察，能看到事物现象的表面，用心观察才能由表及里，透过现象看本质，辨识本质属性和非本质属性，从而去伪存真，不被非本质属性干扰，敏锐地洞察到事物的本质。实际上，“用心观察”也存在于日常学习中。例如，对于一个考题“正方体的棱长为1cm，三个同样的正方体组成的几何体表面积最少是多少”，考生不可能拿出物体观察，若画出图形观察需要时间，如果能在头脑中想象出三个抽象的正方体，就能数出14个小正方形，每个正方形面积为1平方厘米，几何体的表面积即为14平方厘米，这就是一种用心观察，在这个例子中更为恰切的说法是“空间想象”或“视觉空间思维”。如果学习者能够这样观察，就可以思考4个单位小正方体，乃至n个单位小正方体组成的物体表面积大小问题。再如，当我们看到

$$\frac{1}{2}+\frac{1}{4}+\frac{1}{8}+\frac{1}{16}+\frac{1}{32}+\frac{1}{64}+\frac{1}{128}$$

这样的算式，要计算方法简单，但过程烦琐。但是如果用心观察，把$\frac{1}{2}$想象成一张正方形纸片的一半，事实上小学生最初学习分数时就是这样认识的。$\frac{1}{4}$自然就是一半的一半，从而用心观察，并画出一个简单的图形，一目了然，看出结果。这种方法更恰切的说法是“几何直观”或者说“数形结合”。如果学习者看出了该问题的本质（小学生甚至也可以），就可以对此问题一般化，通过类推，认识

$$\frac{1}{2}+\frac{1}{4}+\frac{1}{8}+\cdots+\frac{1}{256}$$

为多少，这何尝不是一种发现呢？并且这种发现不仅仅体现为问题的一般化过程，而且还包含数学思维方法的横向迁移与数学知识内在本质理解的关联贯通。

3. 手脑结合，多方实验，发掘事物共性

要获得对事物本质的规律性认识，动手实验是常用的方法。可能由于环境等条件的限制，自然科学中的实验现象有时具有迷惑性。事实上，数学科学中的实验现象其实有时也会具有迷惑性。想当然成立的数学结论有时却是错误的。通常存在两种情形：一种是对实验现象分析的以偏概全，通过有限的实验武断地提出猜测。例如，在前面“6174”的实验中，我们对三位数与四位数的考察均发现最后得到一个确定的数，那么五位数、六位数呢？如果不反复实验，就可能获得偏颇的认识。再如，当$k=1$，2，3，4时11^k都是回文数，容易使人武断地认为$k=5$时也是回文数，但实际上却不是；另一种是实验的实施过程存在

客观困难而导致的认识偏误。这种情况在数学史上非常多，如费马小猜想，从有限的几个事实断言 $2^{2^n}+1$ 是质数，后来被否定，即使梅森对 2^p-1 型素数的断言也存在谬误。因此，动手实验往往需要手脑并用，巧用数学方法，多方进行思想实验，发掘事物本质以及事物与事物之间的内在关联。在前文“金蝉脱壳”中，如果满足于动手实验，不分析、不思考，对称的现象是很难发现的。再如，数学家寻找梅森素数，在纸笔计算时代，要寻找一个比较大的梅森素数纯粹依赖机械验算是难以想象的，我们有理由相信数学家们肯定是手脑结合，从而避免机械、低效的数学操作。

4. 大胆猜测，合理推断，发现事物规律

牛顿说：“没有大胆的猜想，就做不出伟大的发现。”自然科学的许多大胆猜测成就了伟大的发现，推动了人类科学技术的进步。例如，富兰克林通过放风筝时掠过手心的雷电，猜测出雷电与摩擦生电可能具有类似性质，因而大胆创新，把雷电引入各类电学实验。数学研究也不例外。我们可以认为哥德巴赫提出猜想并非大胆，因为他经历了大量的实验，在数据不太大时，有限的纸笔演算还是可行的。数学科学从本质上揭示自然的和谐、秩序与唯美，特殊性材料累聚到一定程度时往往可推想出一般性认识，若存在反例，有时还可通过条件约束限制进行修正。因此，哥德巴赫猜想的准确性虽有充分的实证说明，但数学科学与其他科学不同，追求的是理论严谨，因此该结论被称为“数学皇冠上的明珠”是由于其未能被严格证明而形成的不可预测的智力挑战性。但是费马猜想应不可相提并论（至少笔者认为），此猜想的获得属于实实在在的大胆预测。费马通过不定方程“$x^2+y^2=z^2$”具有正整数解（勾股数，并且丢番图得到一般解），就猜想“$x^n+y^n=z^n$，当 $n\geqslant3$ 时没有正整数解”似乎有些武断。我们相信费马也做了实验，只不过属于“找不到”的实验，他在阅读丢番图《代数》时曾旁注讲存在一个简洁的证明方法，今天的研究者无从知晓他是否真拥有简洁的证明，或者仅凭借直觉下了断言。最终在数学家200多年的艰难跋涉后，1995年获得证明。

现在我们要分析的是：费马的猜测是大胆吗？当然大胆！因为他找不到一组数据说明“$x^n+y^n=z^n$”当 $n\geqslant3$ 时成立。找不到并不是说一定没有，在三个自然数的组合中，在纸笔演算时代能罗列并且一一验算无疑比较麻烦。武断吗？我们来分析一下，方程“$x^2+y^2=z^2$”具有正整数解，对这个方程，数学家的思考路径通常有两条：一条是指数变化，3，4或者 n；另一条是底数个数的变化，$x^2+y^2+k^2=z^2$，等等，这其实也是我们推广数学问题的一般思路，并非数学家独有（我们在后面的讨论中会看到类似的例子），因此，费马考虑 $x^n+y^n=z^n$ 的正整数解应属自然，可以先考虑 $n=3$ 时的情况。只不过他发现居然也非常困难，不仅找不到一般解，连一个特解也找不到，因此，他可能会反向考虑，会不会根本就无解呢？这一疑问导致他的“武断”。一言蔽之，费马的推断具有内在的思维逻辑，是一种令人折服的断言。

5. 掌握方法，科学思维，积淀发现素养

从上面的分析中，我们获得的启示是：大胆猜测往往潜藏着缜密的数学思维基础。对通过观察与实验获得的具有某种特征的数据信息进行科学的思维加工，才可能发现蕴含其中的规律。这一过程中，需要运用数学思维的策略方法，以数学观察为例，基本方法可以有以下几种。

(1) 整体观察。对数学材料的观察程序通常遵循先整体后局部的原则，即先对整体对象有一个初步的、一般的、直觉的认识，从整体上把握对象，再分离出对象的各部分，选择适当角度，考虑对象整体可能的共同本质属性。角度不同，可能获得的认识也不同。整体观察法强调综合运用眼、手、脑等各种器官进行通盘观察，以求不遗漏每一个关键的数学信息，最终形成一个指向明确的、合理的、概括性的认识。

(2) 局部观察。在整体观察基础上，对每个局部对象逐一进行观察分析，各个击破，找寻每个对象的共性特征。需要注意的是，不要轻易放弃某个对象的独有特征，有时对象的独有特征可能会形成研究的副产品，甚至可能开辟一个新的研究方向。局部观察应注意联系对象整体，在整体观点的指引下，进行有指向的重点观察。有时对象的共性特征比较隐蔽，要抽象出共性认识需要对材料进行必要的变通处理，有时换一种等价的形式表达可能就会拨云见日，一目了然。

(3) 比较观察。在数学观察中，比较是一种高效的思维方式，通过比较可区分对象的相同或相异之处。由于事物与事物之间、现象与现象之间总存在联系与差别，因此总能找到可比较之处，从不同角度比较往往还可以获得不同的认识。

第六章
CHAPTER 6

归纳与类比：数学发现之钥

即使在数学里，发现真理的主要工具也是归纳与类比！

——拉普拉斯

我珍视类比胜过任何别的东西，它是我最信赖的老师，它能揭示自然界的秘密，在几何学中它应该是最不容忽视的。

——开普勒

引 言

纵观人类科学的发展历程，归纳与类比往往在许多重大发现、发明中担当重要的角色。例如，物理学中的气体压强、体积与温度间关系的波义耳定律，盖·吕萨克定律和查理定律等，它们的发现源于物理学家对实验数据共性的归纳。类比方法则是发明创造的万能钥匙。牛顿发现的万有引力定律是把星星与苹果进行直觉类比，阿基米德发现浮体定律则把人体比作皇冠，等等。

在数学里，归纳与类比也是无处不在。许多数学家在研究过程中广泛地运用归纳与类比方法。哥德巴赫猜想无疑就是一个典型的在观察与实验基础上进行归纳的经典案例。高斯曾说："在数论中由于意外的幸运颇为经常，往往用归纳法可以萌发极为漂亮的真理。自己的许多定理都是靠归纳法发现的，证明只是补充的手续。"[①]哥德巴赫猜想就属于这种"意外的幸运"。

对于读者来说，归纳与类比方法也并不陌生，许多学科的学习都会运用观察与实验，而归纳与类比方法往往是观察与实验的延续。在数学学习中，归纳与类比已经成为获得知识的重要途径。在数学里许多结论往往是前人研究的成果，教师为了使学生更好地理解数学结论，往往会引领学生了解前人的发现过程，这一过程体验就经常是在观察与实验基础上引导学生采用归纳或类比方法获得数学结论。把归纳与类比上升到数学教育课程目标层面而重视的是美籍匈牙利数学教育家乔治·波利亚（G.Polya）。他曾经提出一个口号：让我们教猜想吧！他所说的"猜想"即合情推理，而合情推理的主要表现形式是归纳推理与类比推理。他还对合情推理进行了系统的研究，成为其后学校教育重视合情推理的教学基础。因此，学校数学教学转向重视数学猜想教学离不开归纳与类比方法的教学。归纳与类比推理是学习者最为关键的数学核心素养。

① 薛迪群.乔治·波利亚的数学哲学思想浅探[J].科学技术与辩证法，1991(4)：1-6.

第一节 幻方与等幂和问题①

《易·系辞上》说：“河出图，洛出书，圣人则之。”“圣人”即人类文化始祖伏羲。“河”即黄河，“洛”即陕西洛河。传说远古伏羲氏时代，有龙马从黄河跃出，背载神图，后人谓之“河图”；大禹治水年代，有神龟从洛河出水，背驮奇书，后人称为“洛书”。

幻方即源于中国古老而神奇的“洛书”。在许多数学论述中都有涉及。据传，大约公元前2000年，洛河常常泛滥成灾，威胁两岸人类的生产与生活。于是，大禹发誓治水，带领部下开沟挖渠，疏通河道，最终驯服了洛河。由于大禹废寝忘食，“三过家门而不入”，终于感动了上天，天庭为奖励大禹功德，命神龟下界献图，神龟驮着天图从洛河跃出，献给大禹。大禹因此得到上天赐予治理天下的九种方法。图上有黑白圈45个，用直线连接成九数。这张图，后人称为“洛书”，如图6-1所示。

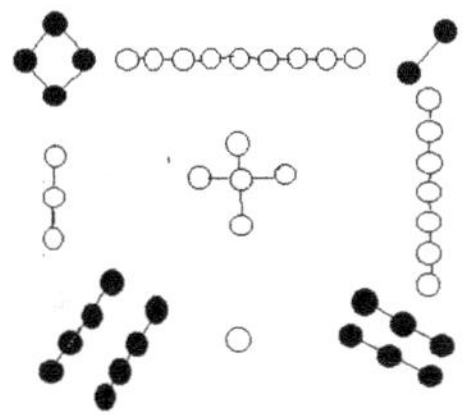

图 6-1

河图与洛书是中国上古时代流传下来的两幅神秘图案，被后世认为是华夏文化的源头、河洛文化的滥觞。2014年，中华人民共和国国务院批准将其列入第四批国家级非物质文化遗产名录（编号：I-135）。②

从唯物论哲学角度看，也可能是发现者为增加神秘感而赋予了神话背景。但河图洛书确有玄机，有人将其解读为：河非黄河，而是星河；洛非洛河，而是脉络。也有人认为“河图洛书”是中国古代的一个天圆地方数图。1988年，韩永贤撰文提出“河图”为上古游牧时期的气象图，洛书则是一张方位图，即上古罗盘。二者为无文字时代华夏祖先的两大发明。③韩永贤的论文曾引起国内外强烈反响。新华社在次年1月24日播发了题为《韩永贤初揭“河图”“洛书”千古谜》的国内新闻稿和题为《中国一学者初揭“河图”“洛书”千古谜》的对外新闻稿，介绍了这一研究成果。英国皇家科学院中国自然科学史专家李约瑟博士来电：“河图一文很有价值，先已经藏于剑桥东亚科学史博物馆”。美国麻省理工学院高秉浩也来信倍加赞赏。④

---

① 于国海.幻方与等幂和问题[J].高中数学教与学，2013(12).有改动.

② 中华人民共和国国务院.国务院关于公布第四批国家级非物质文化遗产代表性项目名录的通知[EB/OL].(2014-11-11)[2014-12-03].http://www.gov.cn/zhengce/content/2014-12/03/content_9286.htm.

③ 韩永贤.对河图洛书的探究[J].内蒙古社会科学(文史哲版)，1988(3)：40-43.

④ 高源.奇妙的幻方[M].西安：陕西师范大学出版社，1995：10-11.

洛书中每个小圆圈都可代表一个1，可以把它写成数字形式，如图6-2所示。

图6-2是三阶幻方，该图中每一行每一列以及对角线上的三数之和都是15。由于这种精妙神奇的性质，所以至今仍吸引着人们去探寻它的奥秘。

4	9	2
3	5	7
8	1	6

图 6-2

幻方虽然属于娱乐数学，却是一个发掘研究课题的金矿。在历史上，许多人包括文人墨客甚至艺术大咖都曾对其产生兴趣。关于幻方研究的一个最基本问题是n阶幻方的构造。虽然偶数阶幻方（行数和列数是偶数）的一般性构造方法人们尚未获知，但却已有不少方法可以轻松构造任意阶次的奇数阶幻方。其中最为知名的要算劳伯尔（La Loubere）发明的楼梯法。[①]方法如下。

(1) 先画一个$n\times n$方格表，并把1填写在最顶行中间下方格内。

(2) 下一个数放在位于右上对角的小方格里，除非该格已被占据。如果下一个数落在幻方所在框架外面想象的小方格里，那就必须在幻方中重新考虑找出安放它的位置，这个位置在幻方中应与想象的方格处于对等的部位。

(3) 如果在幻方中，原来拟填进去的一个数（右上角）的小格已被占据，则可以直接将此数写在原数下面的小格内。

(4) 继续（2）和（3）的步骤，直到幻方剩下的数都各得其所。

一、内涵丰富的三阶幻方

观察图6-2中第一列与第三列数，显然$4+3+8=2+7+6$，它们的平方和也是相等的，即有$4^2+3^2+8^2=2^2+7^2+6^2$。类似地，第一行与第三行数和相等，且平方和也相等，于是有

$$\langle 4,3,8|2,7,6\rangle$$
$$\langle 4,9,2|8,1,6\rangle$$

这一事实似乎告诉我们，幻方与等幂和数组（详见第五章第一节）存在某种神秘的内在联系。进一步考察三阶幻方，我们还能发现三阶幻方中蕴含着其他等幂和数组。如：

$$\langle 5,4,9|3,8,7\rangle$$
$$\langle 3,2,7|1,6,5\rangle$$

上述数组即是第五章中给出的基本等幂和数组。利用“对称组合”的方法，就能产生新的等幂和数组，例如：

$$\langle 42,37,86|24,73,68\rangle$$
$$\langle 48,91,26|84,19,62\rangle$$

① 常秀玲，连迎春.奇妙的奇数阶幻方[J]. 内蒙古民族大学学报，2010(2):5-6.

现在换一种思路，把上述某两个数组进行“对称相加”，看看会出现什么现象。结果发现也能得到新的等幂和数组，例如：

$$\langle 2+6,4+1,9+5|1+3,6+7,8+2\rangle$$

$$\langle 4+48,5+26,9+91|8+62,7+84,3+19\rangle$$

事实上，通过对已有材料的实验归纳，我们可以大胆地提出猜测：任意两个三元等幂和数组通过“对称组合”或“对称相加”均能生成新的等幂和数组。

猜想1 如果$\langle a_1,a_2,a_3|A_1,A_2,A_3\rangle$，$\langle b_1,b_2,b_3|B_1,B_2,B_3\rangle$，其中同组数位数相同，且按从小到大顺序排列，则有

① $\langle \overline{a_1b_{i_1}},\overline{a_2b_{i_2}},\overline{a_3b_{i_3}}|\overline{A_3B_{4-i_1}},\overline{A_2B_{4-i_2}},\overline{A_1B_{4-i_3}}\rangle$

② $\langle a_1+b_{i_1},a_2+b_{i_2},a_3+b_{i_3}|A_3+B_{4-i_1},A_2+B_{4-i_2},A_1+B_{4-i_3}\rangle$

其中i_1,i_2,i_3是自然数1,2,3的一个排列。

显然，上述猜想还可进一步一般化，推广到n个三元等幂和数组的情形。

二、妙趣横生的四阶幻方

虽然没有找到偶数阶幻方的一般构造方法，但一些数学家通过特殊的构造技巧发现了一些极度巧妙、极富赏鉴价值的幻方，其中，四阶幻方充满了别样的神奇。

在四阶幻方中，一个知名度较高的幻方是印度太苏神庙石碑上的幻方，如图6-3所示，它刻于11世纪。在这个幻方中，不但每行每列每条对角线上的数字和为34，而且在表中随便画出一个正方形，四角上的四个数的和也都为34，如9+2+15+8=34。更为神奇的是，把这个幻方边上的行（或列）移到另一边上，所得正方形排列仍是一个幻方，如图6-4所示。

9	6	15	4
7	12	1	14
2	13	8	11
16	3	10	5

图 6-3

16	3	2	13
5	10	11	8
9	6	7	12
4	15	14	1

图 6-4

大约15世纪，我国的幻方传到欧洲，引起了人们的普遍兴趣，成千上万的欧洲人沉醉其中。德国画家丢勒（1427—1528年）就是其中的一位。他找到了一个四阶幻方，如图6-4所示，并把这个幻方反映在他的著名版画《忧郁》中。这也许是欧洲最早的幻方。有趣的是，丢勒在这一幻方中把版画创作的年代1514也放了进去。他可能正是从这两个数出发，通过不断实验而找出了其余的数字。①

① 张文俊.数学欣赏[M].北京:科学出版社,2011.

1980年，上海博物馆在整理明代古墓的出土文物时，发现了上海陆家嘴公园陆深古墓出土文物玉挂（玉佩），上面有一个神奇的四阶幻方，如图6-5所示。①

如图6-6所示是一个四阶幻方，它的魅力不仅在于每行、每列以及两对角线上的四个数之和都是34，而且任意圈出一个包含四个数的小正方形，其中的四个数之和都是34。正是由于这种精妙的构造，有人称其为“魔术幻方”。1977年，美国发射寻求外星文明的宇宙飞船“旅行者”1号与2号。2012年8月25日，旅行者1号穿越太阳系并进入星际介质。截至2019年10月23日，旅行者1号离太阳211亿千米。该飞船中载有关于地球文明的一些图片，其中就有这个四阶幻方。

8	11	14	1
13	2	7	12
3	16	9	6
10	5	4	15

图 6-5

15	10	3	6
4	5	16	9
14	11	2	7
1	8	13	12

图 6-6

通过实验，我们发现上述幻方中蕴含着更为丰富的等幂和数组。如第一行（列）与第三行（列）、第二行（列）与第四行（列）的四个数的和相等，平方和也相等，即构成四元等幂和数组。任意圈出一个小正方形，都能在幻方中找到不同行不同列的另外四个数，使它们构成四元等幂和数组。

进一步的实验可能更加有趣，把任意两个四元等幂和数组中的数从小到大排列之后进行“对称组合”（同组数若数位不同则高位添零变成相同）或“对称相加”，所得数组仍是等幂和数组。

猜想2　如果$\left\langle a_1,a_2,a_3,a_4 \middle| A_1,A_2,A_3,A_4\right\rangle$，$\left\langle b_1,b_2,b_3,b_4 \middle| B_1,B_2,B_3,B_4\right\rangle$，这里同组数的位数相同，且从小到大顺序排列，则有

①$\left\langle \overline{a_1b_{i_1}},\overline{a_2b_{i_2}},\overline{a_3b_{i_3}},\overline{a_4b_{i_4}} \middle| \overline{A_4B_{5-i_1}},\overline{A_3B_{5-i_2}},\overline{A_2B_{5-i_3}},\overline{A_1B_{5-i_4}}\right\rangle$

②$\left\langle a_1+b_{i_1},a_2+b_{i_2},a_3+b_{i_3},a_4b_{i_4} \middle| A_4B_{5-i_1},A_3+B_{5-i_2},A_2+B_{5-i_3},A_1+B_{5-i_4}\right\rangle$

其中，i_1，i_2，i_3，i_4是自然数1，2，3，4的一个排列。

显然，上述猜想也可以推广到m个四元等幂和数组的情形。

三、魅力无穷的n阶幻方

n阶幻方是否一定蕴含着等幂和数组呢？如图6-7所示是一个五阶幻方。经过实验发现，第一行（列）与第五行（列）、第二行（列）与第四行（列）的五个数均构成五元等幂和数组。

① 金丕龄.幻方的智慧[M].上海：上海交通大学出版社，2010.

七阶幻方中也存在类似现象，即第一行（列）与第七行（列）、第二行（列）与第六行（列）、第三行（列）与第五行（列）的七个数均构成七元等幂和数组。

17	24	1	8	15
23	5	7	14	16
4	6	13	20	22
10	12	19	21	3
11	18	25	2	9

图　6-7

猜想 3　n阶幻方（n为奇数）的第i行（列）与第$n+1-i$行（列）的n个数构成n元等幂和数组。

如果把两个已知n元等幂和数组中的数从小到大排列之后进行“对称组合”或“对称相加”，发现得到的新数组还是等幂和数组。

猜想 4　如果 $\langle a_1,a_2,\cdots,a_n|A_1,A_2,\cdots,A_n\rangle$ ，$\langle b_1,b_2,\cdots,b_n|B_1,B_2,\cdots,B_n\rangle$ ，其中同组数的位数相同，且按从小到大顺序排列，则有

① $\left\langle \overline{a_1b_{i_1}},\overline{a_2b_{i_2}},\cdots,\overline{a_nb_{i_n}}\middle|\overline{A_nB_{n+1-i_1}},\overline{A_{n-1}B_{n+1-i_2}},\cdots,\overline{A_1B_{n+1-i_n}}\right\rangle$

② $\left\langle a_1+b_{i_1},a_2+b_{i_2},\cdots,a_n+b_{i_n}\middle|A_n+B_{n+1-i_1},A_{n-1}+B_{n+1-i_2},\cdots,A_1+B_{n+1-in}\right\rangle$

这里$i_1,i_2,\cdots,i_n$为自然数$1,2,3,\cdots,n$的一个排列。

事实上，上述猜想还可推广到m个等幂和数组的情形，这里不再赘述。

最后，需要指出的是，上述一系列猜想如果成立，从n阶幻方所蕴含的若干个n元等幂和数组出发，可构造新的等幂和数组。那么，n元等幂和数组是否来源于n阶幻方，n阶幻方是否能生成所有的n元等幂和数组？我们期待着更圆满的回答。

第二节　四面体体积公式的发现[①]

三维空间与二维空间的一些几何结论存在某种内在的关联，也为学习欧氏几何提供了一种非常重要的数学思维方法——类比，可以把平面几何中的图形与立体几何中的图形进行类比。这种类比不仅有助于理解几何结论的内在本质，往往还会引发一些新的思考。四面体体积公式的发现就是一个典型的案例。

三角形与四面体分别是二维空间与三维空间最基本的封闭图形（更恰当的表述是直线或平面围成的基本图形，因为从不同角度看“最基本”实质存在不同的理解），二者存在许多相似的特征。三角形面积计算的最基本的公式是

$$S_{\triangle}=\frac{1}{2}ah$$

计算三角形面积还有一个公式，即

$$S_{\triangle}=\frac{1}{2}ab\sin\theta$$

① 于国海．四面体的体积公式[J].中学数学教学参考，1991(5)：13-14.

另外，学过立体几何的读者也非常熟悉四面体的体积公式，即

$$V_{\text{四面体}}=\frac{1}{3}Sh$$

四面体的这一体积公式与上述第一个三角形面积公式是如此和谐，这种和谐自然会引发我们思考：有没有一个计算四面体体积的方法与第二个三角形面积公式相对应呢？这种思考实际上就运用了类比思维，这是一种极富创造特征的思维方式。

想象一个四面体，如果相邻的三条棱确定了，并且这三条棱两两相交所夹的角也确定，这个四面体是不是也被确定了？答案是肯定的。如果放宽其中的任何一个约束条件，四面体是不是就不能被确定？答案还是肯定的。这说明四面体的体积完全可以通过相邻的三条棱与两两所夹的角来确定，或者理论上说四面体的体积应是可以表示成三条棱的长度与两两所夹的角的度数的三角函数的关系式的。这就为研究四面体的体积计算的可行性提供了探索的思想基础。下面给出四面体体积的公式并证明。

引理：如图6-8所示，AB与平面α所成的角为θ_1，AC在平面α内，AC与AB的射影AB'成角θ_2，设$\angle BAC=\theta$，则$\cos\theta_1\cdot\cos\theta_2=\cos\theta$。

证明：略。

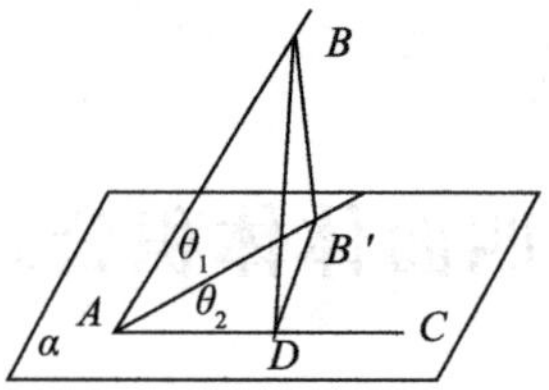

图 6-8

定理：如图6-9所示，在四面体P—ABC中，$PA=a,PB=b,PC=c$，$\angle BPC=\theta_1$，$\angle APC=\theta_2$，$\angle APB=\theta_3$，则四面体体积为

$$V_{P-ABC}=\frac{1}{6}abc(1-\cos^2\theta_1-\cos^2\theta_2-\cos^3\theta_3+2\cos\theta_1\cos\theta_2\cos\theta_3)^{\frac{1}{2}}$$

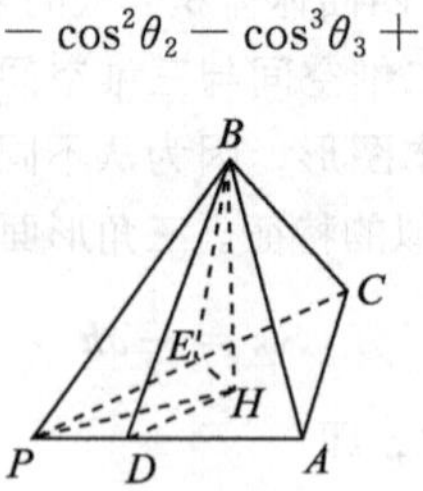

图 6-9

证明：过B点作$BH\perp$平面PAC，垂足为H，则有：

$$V_{P-ABC}=\frac{1}{3}S_{\triangle PAC}\cdot BH=\frac{1}{6}ac\sin\theta_2\cdot BH \tag{1}$$

则只需要求出BH即可。

过H点作$HD\perp AP,HE\perp PC$，垂足分别为D,E，连接PH、BD、BE，则由三垂线定理得到：$BD\perp AP,BE\perp PC$。

设$\angle BPH=\varphi$，$\angle APH=\varphi_1$，$\angle CPH=\varphi_2$，则$\varphi_1+\varphi_2=\theta_2$。由引理知;

$$\cos\varphi\cdot\cos\varphi_1=\cos\theta_3 \tag{2}$$

$$\cos\varphi\cdot\cos\varphi_2=\cos\theta_1 \tag{3}$$

所以

$$\cos\varphi_1\cdot\cos\varphi_2=\frac{\cos\theta_1\cos\theta_3}{\cos^2\varphi} \tag{4}$$

由积化和差公式，得：

$$2\cos\varphi_1\cdot\cos\varphi_2=\cos\theta_2+\cos(\varphi_1-\varphi_2)$$

所以

$$\cos\varphi_1\cos\varphi_2-\cos\theta_2=\sin\varphi_1\sin\varphi_2 \tag{5}$$

另外，

$$\sin\varphi_1=\sqrt{1-\cos^2\varphi_1}=\sqrt{\frac{1-\cos^2\theta_1}{\cos^2\varphi}} \tag{6}$$

$$\sin\varphi_2=\sqrt{1-\cos^2\varphi_2}=\sqrt{\frac{1-\cos^2\theta_2}{\cos^2\varphi}} \tag{7}$$

把式（4)、式（6)、式（7）代入式（5)，两边平方，化简得：

$$\sin\varphi=\frac{\sqrt{1-\cos^2\theta_1-\cos^2\theta_2-\cos^2\theta_3+2\cos\theta_1\cos\theta_2\cos\theta_3}}{\sin\theta_2} \tag{8}$$

所以

$$\begin{aligned}BH&=b\sin\varphi\\&=\frac{b\sqrt{1-\cos^2\theta_1-\cos^2\theta_2-\cos^2\theta_3+2\cos\theta_1\cos\theta_2\cos\theta_3}}{\sin\theta_2}\end{aligned} \tag{9}$$

把式（9）代入式（1)，得到

$$V_{P-ABC}=\frac{1}{6}abc(1-\cos^2\theta_1-\cos^2\theta_2-\cos^3\theta_3+2\cos\theta_1\cos\theta_2\cos\theta_3)^{\frac{1}{2}}。$$

上述四面体体积的公式虽然形式复杂，但是从数学审美角度看，该公式充分展示了数学的内在魅力——和谐、对称、唯美。在一些几何问题的解决中也凸显了其独特的应用价值。

例：在四面体$A—BCD$中，已知相对的棱相等，并且$AB=CD=a$，$BC=AD=b$，$CA=BD=c$，求此四面体的体积。

解：如图6-10所示，设$\angle ABC=\theta_1$，$\angle CBD=\theta_2$，$\angle DBA=\theta_3$，则

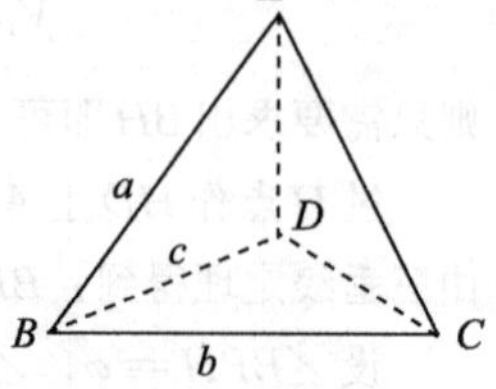

图　6-10

$$\cos\theta_1=\frac{a^2+b^2-c^2}{2ab}，\cos\theta_2=\frac{b^2+c^2-a^2}{2bc}，$$

$$\cos\theta_3=\frac{a^2+c^2-b^2}{2ac}。$$

根据四面体体积公式，有

$$V=\frac{1}{6}abc(1-\cos^2\theta_1-\cos^2\theta_2-\cos^3\theta_3+2\cos\theta_1\cos\theta_2\cos\theta_3)^{\frac{1}{2}}$$

把$\cos\theta_1$、$\cos\theta_2$、$\cos\theta_3$的表达式代入上式，化简得到：

$$V=\frac{1}{12}\sqrt{2(a^2+b^2-c^2)(b^2+c^2-a^2)(a^2+c^2-b^2)}$$

由于三角形的面积公式有多种，通过类比可以发现四面体往往具有相应的体积公式。①再如已知三角形的三条边为a，b，c，南宋数学家秦九韶在《数学九章》卷五中曾推导出一个公式：(三斜求积)

$$S_{\triangle}=\sqrt{\frac{1}{4}\left[a^2b^2-\left(\frac{a^2+b^2-c^2}{2}\right)^2\right]}$$

类似地，若在四面体$D—ABC$中，$AB=c,BC=a,AC=b,AD=a_1,DB=b_1,DC=c_1$，则有四面体六棱求积公式：

$$V=\frac{1}{12}\left[a^2a_1^2(b^2+c^2-a^2+b_1^2+c_1^2-a_1^2)+b^2b_1^2(c^2+a^2-b^2+c_1^2+a_1^2-b_1^2)+c^2c_1^2(a^2+b^2-c^2+a_1^2+b_1^2-c_1^2)-(a^2b^2c^2+a^2b_1^2c_1^2+b^2c_1^2a_1^2+c^2a_1^2b_1^2)\right]^{\frac{1}{2}}$$

再如，三角形面积还有海伦公式：若三角形的三条边为a，b，c，则

$$S_{\triangle}=\sqrt{p(p-a)(p-b)(p-c)}\quad\left(p=\frac{a+b+c}{2}\right)$$

类似地，在四面体$P—ABC$中，$PA=a,PB=b,PC=c$，$\angle BPC=\theta_1$，$\angle APC=\theta_2$，$\angle APB=\theta_3$，则四面体体积为

$$V_{P—ABC}=\frac{1}{3}abc\sqrt{\sin\omega\sin(\omega-\theta_1)\sin(\omega-\theta_2)\sin(\omega-\theta_3)}$$

这里$\omega=\dfrac{\theta_1+\theta_2+\theta_3}{2}$。

① 杨世明，王雪芹．数学发现的艺术[M].哈尔滨：哈尔滨工业大学出版社，2018：107-108.

第三节 讨论：数学发现中的归纳与类比

推理是数学科学最基本的表现形式。无论是数学科学的体系建构还是知识创造，都离不开演绎、归纳、类比等数学推理。在数学教育不同的发展阶段，虽然人们对“推理”存在不同角度的理解，但都会把其作为数学科学最为核心的要素看待。从数学能力看，推理能力历来是数学基础教育的重要课程目标；从思想层面看，推理思想一般也被认为是数学科学中除了抽象思想、模型思想外的一种最为基本的数学思想；从当下基础教育关注的数学核心素养角度看，推理也被认为是数学核心素养的重要元素。

推理一般分合情推理与演绎推理。当下中小学数学课程与教学理念已经实现从“知识传递”向“知识建构”转化。即是说，引领学生了解数学结论形成过程、自主建构知识意义成为共识。许多数学知识的自主建构过程往往就是“先猜后证”的过程。“猜”即合情推理，也称似真推理，具体表现为归纳、类比等推理方式；“证”即演绎推理，也称论证推理。因此，作为基本的数学思维方式，推理在中小学数学课程中普遍存在，贯穿于整个数学学习过程。

一、归纳推理、类比推理与演绎推理

1. 归纳推理

归纳推理是从特殊指向一般的推理，是当下中小学数学学习中普遍蕴含的推理方式。例如，小学数学中运算定律、运算法则、运算性质、计算公式的形成过程往往蕴含了归纳推理。在中学数学中，有些公式和定理也是常常通过经验归纳法给出的。例如，等比数列的通项公式“如果等比数列$a_1,a_2,\cdots,a_n$公比是q，那么$a_2=a_1q,a_3=a_2q,\cdots,a_n=a_{n-1}q$，由此可知，等比数列的通项公式是$a_n=a_1q^{n-1}$”。很多数列问题都用经验归纳法探索得到结论，然后再用数学归纳法给予证明。

归纳作为合情推理的一种重要形式，也称简单枚举，一般可分成不完全归纳（也称经验归纳）与完全归纳。例如，根据“直角、锐角、钝角三角形内角和都为180°”推出“所有三角形内角和都为180°”即属于完全归纳推理，但通过度量若干锐角三角形内角获知内角和在180°左右猜测出“锐角三角形内角和为180°”则属于不完全归纳。不完全归纳推理获得的结论不一定正确，但却属于科学发现的重要方法之一。因此，从学习者创造素养发展的角度考虑，中小学数学学习过程都对这一推理给予高度关注。

归纳可能还有其他形式，如直觉归纳，这实质是一种非逻辑形式的归纳，并不能简单地理解为“从特殊到一般”。例如，费马猜想的获得过程，我们难以从逻辑上清晰地呈现费马的思维过程，虽然费马也应该进行了实验，这种实验仅仅是没有找到一组正整数满足“$x^n+y^n=z^n(n\geqslant 3)$”，因此，费马猜想的归纳过程并没有清晰地逻辑表征，应是基于直觉的而不是逻辑的归纳。

2. 类比推理

类比推理是从特殊指向特殊的推理，也称“类推”，即依据两个或两类对象的某些相同或相似属性推出它们在其他方面也存在相同或相似属性的结论。一般包含两种情形：一种是同类对象之间的类比，如小学数学中多位数四则运算法则可以与一两位数四则运算进行类比学习；另一种是不同类对象之间的类比。一个比较典型的例子是分数基本性质的学习，若把其与整数除法中商不变性质类比，则可迅速达到对性质内核的深度理解。中学数学中类比推理的典型案例要算三角形与四面体的类比了，三角形与四面体有许多性质存在类似之处。值得关注的是，类比对象还可涉及解题方法层面。例如，在图形与几何学习中，若学生知道三角形面积公式推导的“以盈补亏”方法，则可以通过方法的类比迁移到梯形面积公式的推导过程。

与归纳一样，类比也存在非逻辑形式，也不能简单地理解为上述“特殊到特殊”的过程。例如，电子计算机的“开”“关”、八卦的“阳爻”“阴爻”与二进制数的“0”“1”的类比也缺乏一个清晰的逻辑表征，而是得益于莱布尼兹的直觉与灵感。再如，牛顿“把落地苹果与行星类比”、阿基米德把“人体与皇冠类比”都不存在一个清晰的逻辑过程，属于“直觉类比”。直觉类比较逻辑类比层次高，因为直觉类比是在不相关事物之间进行的某种合适的类比。

3. 演绎推理

演绎推理是从一般到特殊的推理。演绎推理是从已有的事实（包括定义、公理、定理等）和确定的规则（包括运算的定义、法则、顺序等）出发，按照逻辑推理的法则证明和计算。[①]演绎推理的训练通常集中于中学数学。欧氏几何是演绎推理训练的经典。但是作为一种关键素养，推理素养是一个逐步感悟、生成、发展的过程。因此演绎推理实际上也可以在小学数学教材中找到痕迹。例如，在平面几何图形面积计算学习中，教材通常是在引导学生通过实例归纳初步获得计算公式的基础上，再提出一系列连续问题组织学生讨论，最终获得相应的面积计算公式，连续问题的讨论本质上就是朴素的演绎推理，公式推导过程实际体现了数学结论的“先猜后证”。

---

① 中华人民共和国教育部. 义务教育数学课程标准(2011年版)[S]. 北京：北京师范大学出版社，2011.

二、数学发现中的归纳推理

数学日常学习需要归纳推理，发现数学也离不开归纳推理。那么如何通过归纳推理发现新的数学结论？

《内经》是我国的一部古老医学宝典，在《内经·针刺篇》中曾记载了这样一个故事：一个樵夫患有头痛病，但为了谋生不得不经常带病上山打柴。一次，他带病砍柴时，不小心碰破了脚趾，出了一点血，但他却感到头部不痛了。第二次头痛病发作时，又偶然碰破了脚趾，结果头痛又奇迹般好了。这一偶然发现引起了他的注意。后来凡是头痛时，他就有意去刺破该处，果然非常灵验。于是樵夫根据经验得出一个结论，刺破脚趾这个部位是治疗头痛的有效方法。后来中医证明，脚趾的这个部位是与人的头部相关联的针灸穴位，被称为“大墩穴”。①

上述故事中，该樵夫根据个人经验作出一个有关碰破脚趾能治好头痛的一个一般性结论。在这里，他所运用的就是归纳方法。其实这类案例在科学发展史上甚至我们的日常生活中比比皆是，并非数学科学所独有。例如，在2020年“新冠”病毒在中国武汉出现的初期，有人根据陆续有病人出现类似症状就敏锐地推测到可能有新病毒的存在，这其实也是基于经验的归纳。

1. 归纳的过程

在数学史上，将归纳推理运用到极致的要算哥德巴赫了，他所提出的猜想是一个经典的经验归纳案例。

（1）积累事例。我们应该敏锐地捕捉到那些学习过程中出现的一些与众不同的甚至怪异另类的数学事实。这些事实的背后很可能潜藏着一个巨大的数学金矿，甚至可能还没有被前人掘垦。例如，对于一个偶数，若要求分拆成两个奇数之和，显然非常容易，而且有多种方法，但若约束条件，要求分拆成两个奇素数之和，其思考价值就显著提升。由于人们至今没有找到质数（素数）一般性规律，一个数学问题一旦与质数关联，就可能成为一个有意义的研究对象。稍加思考，可以写出许多符合条件的等式，如$3+7=10$，$3+17=20$，$13+17=30$。

（2）考察事例。直觉考察这些事例是否存在共同的特征，如果不存在，是不是可以换一个角度考虑。哥德巴赫发现并注意到这些等式的类似之处：等式左边的两个加数都是素数，等式的右边都是偶数。具有该特征的事例还可以写出许多，如$13+7=20$，$19+11=30$。

（3）提出假设。把这些事例的共同特征提取出来，是不是可以在更广泛的范围内提出一个一般性假设。哥德巴赫的可贵之处是提出了这个问题，那么其他的偶数会不会也有类似的现象呢？

---

① 张继尧.逻辑学基础[M].北京：北京工业大学出版社，1992：204-205.

(4) 检验假设。不要轻易地认为假设是正确的，没有从理论上说明结论对所有的偶数都成立，检验是必要的。通过检验发现，有一些偶数并不具有这种特征。事实上，至少2，4这两个数如此。

(5) 修正假设。既然假设不成立也不要轻易放弃，而是修正假设。虽然，2，4这两个数不符合假设，但可发现偶数只要是大于或等于6，并不能找到反例。

例如：$8=3+5$

$10=3+7=5+5$

$12=5+7$

$14=3+11=7+7$

$16=3+13=5+11$

$18=5+13=7+11$

$20=5+13=3+17+7+13$

…

(6) 提出猜想。这里可以果断提出：任何一个大于4的偶数都可以表示成两个奇素数之和。

至此，一个一般性命题终于被提出来了。这里就运用了数学发现与创造中的一种重要的推理方法——经验归纳。

(7) 验证猜想。这个命题对吗？数学是追求严谨的。在试图做进一步的论证时，最好再找一些例子看看，是否一般性结论的基础过于薄弱。验证越多越好。

(8) 证明猜想。对猜想的验证加强了结论正确性的可信度，但并不能说明其为数学科学中的一个正确结论。要确认结论的正确性，必须给出严格的理论证明，对于数学研究这是必需的。

2. 归纳的态度

在运用归纳法尤其是不完全归纳法进行数学发现时，由于仅仅考察了对象中的部分特例，却作出了关于对象全体的结论。结论带有或然性质，因此，运用归纳法必须小心谨慎、严谨科学。

$$1=1,2=1+1,3=1+1+1,4=4,5=4+1,$$
$$6=4+1+1,7=4+1+1+1,8=4+4,9=9,\cdots$$

这里，只有“7”需要用四个平方数，其余的用一个、两个、三个就够了。数学家巴切特一直实验到325，发现没有一个需要用超过四个的平方数来表示。因此，他断言：任何自然数，或者本身是平方数，或者总是两个、三个或四个平方数之和。显然，直觉上看，仅仅根据这些案例就给出结论，缺乏说服力。但是巴切特运气不错，他的猜测后来获得证明，在数论中被称为“四方定理”。

数学里的这种幸运其实并不多，即使在社会生活领域，以偏概全的归纳产生的错误也经常存在。例如，人们常常用“黑天鹅”来比喻难以预测、不同寻常、颠覆惯常认知的事物。这个比喻的源头是人们看到的天鹅都是白色的，但是却意外发现了黑天鹅，次贷危机、负价原油等都可以归为此类。虽然费马的大猜想闻名遐迩，但他还有一个被后世津津乐道的失误小猜想。费马发现$F_n=2^{2^n}+1$当$n=1$，2，3，4时都是质数，于是他断定此式子无论n取什么自然数都表示质数。但他的断言后来被欧拉否定了，因为恰恰在$n=5$时不是质数。他的这一失误也推动了后来的素数理论的研究。

费马发现$F_n=2^{2^n}+1$当$n=1$，2，3，4时均为质数，他凭借不完全归纳断言“n为任何非负整数时，$F_n=2^{2^n}+1$均为质数”（F_n称为费马数，若为质数，则称其为费马质数）。

费马质数虽然没有梅森质数有名，但是在17世纪以后的西方数学界，数学家们一直期望找到质数公式，因此费马的这个结论同样受到人们的关注。费马是1640年提出这个猜想的，其后近100年间没有人质疑，发现这个猜想错误的数学家是欧拉。欧拉在1732年计算出

$$F_5=2^{2^5}+1=6700417\times 641$$

推翻了这个猜想。不过数学家并没有就此打住。

在1880年，郎德里指出$F_6=2^{2^6}+1=67280421310721\times 274177$。其后陆续有人跟进。已经证明：$5\leqslant n\leqslant 19$时，$F_n=2^{2^n}+1$均为合数，但是$F_{14}$的因子人们一直没有找到。费马质数只有这几个吗？费马数有无穷个合数吗？这些问题一直悬而未决。人们对费马质数感兴趣可能还有一个关键的原因。德国数学家高斯找到正十七边形尺规作图后，提出了一个怪异的命题“边数为费马质数或者它们乘积的2的K次幂倍的正多边形才可以用尺规做出，反之也成立”。[①]

归纳是要冒风险的，但不能因为风险的存在而否定归纳在数学发现中的重大作用。我们在归纳的过程中采取科学态度，就可以尽量地规避风险，获得成功。对此，G.波利亚提出：[②]

第一，我们应当随时准备修正我们的任何一个信念。

第二，如果有一种理由非使我们改变信念不可，我们就应当改变这一信念。

第三，如果没有充分的理由，我们就不应当轻率地改变一个信念。

G.波利亚把这三点概括为“理智上的勇气”“理智上的诚实”“明智的克制”，也有研究者用“勇气”“正直”“冷静”来说明归纳的态度，我们用“大胆不轻信，冷静不冲动，果断不武断”来诠释归纳的态度。

---

① 吴振奎，赵雪静.数学大师的发现、创造与失误[M].哈尔滨：哈尔滨工业大学出版社，2018:225-227.

② G.波利亚.数学与猜想（第一卷）[M].李心灿，等译.北京：科学出版社，2001:6-7.

三、数学发现中的类比推理

亚里士多德说："在哲学上正确的做法通常是考虑相似的事物，虽然这些事物彼此可能相距甚远。"一个善于观察的人，能够对周围世界的简单现象进行思考，把同类事物或者不同事物间的现象进行比较。在自然科学中，这种比较与类比是相当普遍的。牛顿通过生活中的一个苹果落地的现象引发地面对苹果有引力作用的思考，进而类比到宇宙天体，最后发现万有引力定律；再如，伽利略把悬挂在教堂里的长明灯的规律性摆动与人体脉搏进行类比，发现了摆的等时运动规律。后来荷兰物理学家惠更斯根据该原理制成"伽利略钟"。

上述这些例子都属于事物之间性质的类比。除此之外，事物之间在状态上也可进行类比。17世纪奥地利一位名医，曾经因为没有能发现病人胸腔中积水导致病人死亡而感到痛苦与自责，他发现做酒商的父亲通过叩击酒桶外壁探知桶内情况，受到启发，发明了医疗诊断中的"叩诊法"。①

由于类比推理不限于在同类事物中对比，也不必受一般原理的限制，可以比较本质的特征，也可以比较非本质的特征，甚至可以运用类比在不同类事物间进行探索和预测，因此类比推理在各种逻辑推理方法中更富于想象，是最具创造性的一种方法。"他山之石可以攻玉"，类比推理在数学解题与数学发现中功能独特。

（一）积累经验

虽然说类比发现可以跨越同类事物考察不同类事物，但也并不意味着可以胡思乱想、主观臆测。从本质上讲，能通过类比进行数学发现的两类事物之间必然存在一种内在的关联。例如，在我们平时的数学学习中，解题经验的积累往往采用类比。我们会经常发现一些问题似乎存在相似之处，因此已经具有的解题方法经常可以迁移运用于类似的情境中。例如：

$$\frac{1}{2}+\frac{1}{4}+\frac{1}{8}+\cdots+\frac{1}{256}=?$$

这是一个简单的等比数列求和问题，可以作为小学五年级的一个考题。如果机械地进行异分母分数加法计算显然不合适，有一种巧妙的方法是"把问题画出来"。如图6-11所示是其图形证明，在现在的学校数学教育课程中叫"几何直观"。为什么存在这种巧妙的方法呢？因为代数与几何这两门数学分支本身就具有内在的联系。$\frac{1}{2}$可以用一张正方形纸的一半表示（在小学数学中这是分数概念产生的基础），如图6-11所示。

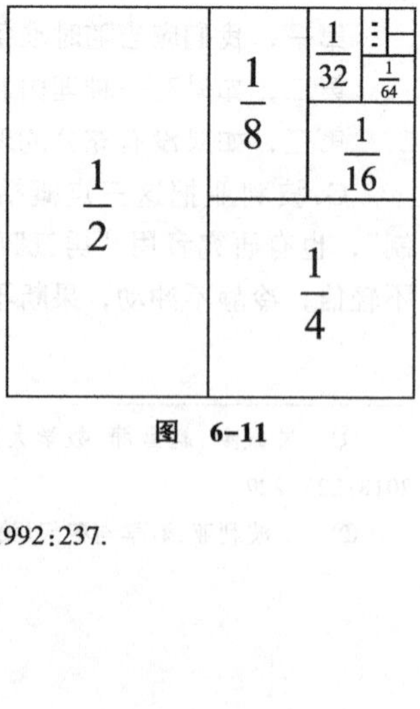

图 6-11

① 张继尧.逻辑学基础[M].北京：北京工业大学出版社，1992:237.

实际上，许多代数问题都存在图形证明。那么，当读者看到下面这一问题会怎么想呢？

证明：$1^3+2^3+3^3+\cdots+n^3=(1+2+\cdots+n)^2$。

在中学数学教材中，这类题目通常运用数学归纳法证明。从形式上看，上面两个问题存在类似之处，那么本题可不可以构造一个图来证明？用棱长为1，2，…，n的正方体来表示1^3，2^3，…，n^3。我们接下来看一个稍微简单的例子。

证明：$1^2+2^2+3^2+\cdots+n^2=\dfrac{n(n+1)(2n+1)}{6}$

这是一个比较简单的结论，寻找其图形证明只需要把n^2看成边长为n的正方形的面积即可。

记$S=1^2+2^2+3^2+\cdots+n^2$，如图6-12所示，作边长分别为1，2，3，…，n的n个正方形，并把每个正方形分割成单位小正方形，则S为这些正方形的面积之和。

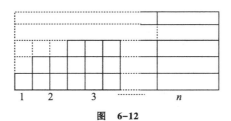

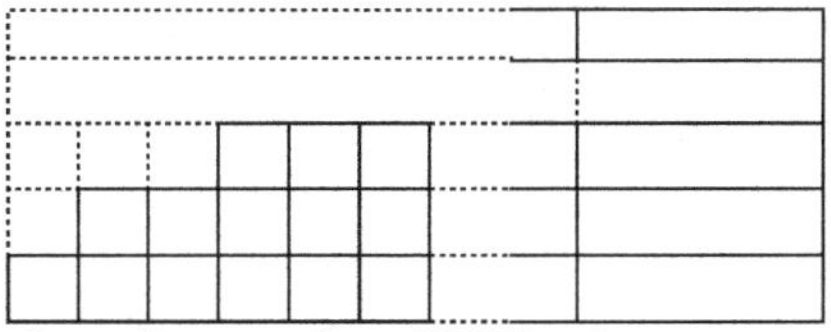

图 6-12

从图6-12中可以看出：

$$S=(1+2+3+\cdots+n)n-[1+3+6+\cdots+(1+2+3+\cdots+(n-1))]$$

$$=\frac{n^2(n+1)}{2}-\left[1+3+6+\cdots+\frac{(n-1)n}{2}\right]$$

$$=\frac{n^2(n+1)}{2}-\frac{S}{2}+\frac{n(n+1)}{4},$$

则$\dfrac{3S}{2}=\dfrac{n(n+1)(2n+1)}{4}$。

因此$1^2+2^2+3^2+\cdots+n^2=\dfrac{n(n+1)(2n+1)}{6}$。

（二）善于比较

比较是确定两类事物对象之间的相同点和不同点，从而把握事物对象的本质特性的一种逻辑方法。比较是类比推理的基础。A、B两个不同类对象，A类事物具有特征或性质a，b，c，d，B类事物具有特征或性质a_1，b_1，c_1，与a，b，c类似或相同，则可以此为根据，把A对象的有关知识或结论迁移到另一对象B中。这是一种基本的类比思维。显然，a，b，c的a_1，b_1，c_1类似建立在比较的基础上。

在数学里，类比学习的典型事例是平面几何与立体几何的类比。如三角形与四面体，我们在学习中可以通过类比发现许多相似之处。

(1) 三角形的任意两边之和大于第三边。而四面体任意三个面的面积之和大于第四个面的面积。

(2) 任意一个三角形都有一个内切圆，内切圆圆心称为三角形的内心，内心是三内角平分线的交点，到各边距离相等。而任意一个四面体都有一个内切球，球心到各个面的距离也相等，是从六条棱出发的六个二面角的平分面的交点。

(3) 任意三角形的三条中线交于一点，称为重心，重心到顶点的距离是它到对边中点距离的2倍（重心定理)。任意四面体的顶点与对面重心的连线交于一点，正是四面体的重心，且四面体的重心到顶点的距离是它到对面重心距离的3倍（重心定理的推广）。

(4) 任意一个三角形都有一个外接圆，即不共线三点确定一个圆，这个圆的圆心称为三角形的外心，外心是各边垂直平分线的交点，外心到三角形各顶点距离相等。任意一个四面体都有一个外接球，即不共面四点确定一个球，这个球的球心在四面体各个面内的射影是各个面的外心，且它到四面体各顶点的距离也相等。

为什么二者具有这么多的相似点？这是因为三角形是二维空间最基本的封闭图形（直线围成)，四面体是三维空间最基本的封闭图形（平面围成)，四面体的四个面都是三角形。这些内在的关联使我们有理由相信二者的许多特征或结论有相似之处。因此，在前面的案例中，根据三角形面积公式$S_{\triangle}=\dfrac{1}{2}ab\sin\theta$推想四面体也应有类似的体积公式，并且成功找到并证明。

（三）大胆推测

通过比较，两类事物形式上虽然不同，但是由于发现二者具有一些相同或相似的特征或结论，至少我们有理由相信类似结论不仅仅是已经看到的，还可能包括未曾发现的。因此可以根据一类事物的新特征大胆推测另一类事物也可能具有类似的特征或结论。虽然有时这种推测可能是错误的或者由于表述困难令人怀疑，但不要轻易放弃。

（四）端正态度

类比与归纳都属于结论不能被确认是否正确的发现方法，同样需要秉持一个科学的态度：大胆不轻信，冷静不冲动，果断不武断。例如，火星与地球尽管在一系列属性上是相似的（如大气层、温度等)，但是地球上有生命，航天考察表明火星上却没有生命。再如，科学家在寻找可能会孕育生命的第二个地球，也是用类比，虽然有理由说生命不是地球的唯一存在，但第二个地球有无生命，目前也只能是猜测。在数学发现中运用类比推理，下面几句话可能是非常必要的。

(1) 如果推测的结论显然不科学不合理，那就应该修正或放弃。

(2) 如果你能给予证明，那运气不错，你成功了。

(3) 如果你不能证明，那就属于猜想。

(4) 猜想不是胡思乱想，要给一个充分的理由，即便是基于直觉的推测。

第七章
CHAPTER 7

一般化与特殊化：数学发现之魂

在讨论数学问题时，我相信，特殊化比一般化起着更重要的作用，我们寻找一个问题的解答而未能成功的原因，就在于这样的事实，即存在一些比手头问题更简单、更容易的问题没有完全解决，或者完全没有解决。这一切都有赖于找出这些比较容易的问题，并用尽可能完善的方法和能够推广的概念来解决它们。

——康斯坦西・瑞德.希尔伯特[M].上海：上海科学技术出版社，1982：100.

引　言

“从特殊到一般”与“从一般到特殊”是人们认识世界万事万物的普遍思维方式。从特殊到一般即“一般化”，有助于在更抽象、更普遍的层面对事物对象获得更深刻、更本质的理解；从一般到特殊即“特殊化”，从一类事物对象的一般性认识出发，从不同侧面不同角度具体理解。在数学学习与研究中的一般化、特殊化相辅相成、辩证统一。在数学问题的解决中通常被表述为一般化策略与特殊化策略。若面临的是背景复杂或内在联系不清晰的问题，有时可设法解决一个能够揭示事物本质属性的更一般性问题，以便高屋建瓴，探寻原问题的本质，从而顺利解出原题，这就是数学解题的一般化策略。若面对一个一般性问题却找不到问题解决的突破口，可以从简单情形出发，先研究其某些特殊情形，使复杂问题简单化、抽象问题具体化，从而突破解题栅障，获得解题思路，这种解题策略称为特殊化策略。个性反映共性，共性存在于个性中，特殊化策略，正是特殊与一般的辩证关系在解题中的灵活运用。数学解题中的“以退为进”充分体现了特殊化策略的哲学意蕴。

一般化与特殊化不仅体现在一些数学问题的解决中，也是数学发现与创造的常用策略。数学家研究数学往往致力于通过一类数学对象的特殊化事例探寻一般化情形下的结论，如费马猜想与哥德巴赫猜想虽然探索思路有所不同，但本质上是从特殊到一般的思考与探索。学习者获得一般化的数学知识经常也是经历特殊到一般的发现过程。例如，小学生从三角形、四边形内角和公式推想多边形的内角和公式。事实上，数学科学中的许多一般性结论得益于特殊到一般的抽象与推广。另外，一些不容易观察或认识的数学事实则经常得益于一般到特殊的条件约束与限制。正是由于不断地一般化与特殊化，数学的知识大厦才得以不断丰富，数学的分支学科才得以不断地抽象、不断地深入。

第一节　斯坦纳——莱默斯定理[①]

“等腰三角形两底角的平分线的长度相等”，这是等腰三角形非常普通的一条性质，读者应该都非常熟悉，早在2000多年前的《几何原本》中已经出现，证明也并不麻烦。但是奇怪的是，欧几里得并没有给出该定理的逆定理。通常来说，对于一个命题，可以提出否命题、逆命题、逆否命题，当然还可提出偏逆命题，原命题与逆否命题等价，但是原命题与逆命题却可能不等价。因此，研究一个定理的逆命题是否成立是几何学研究的重要内容之一。

该定理的逆命题是：“有两条内角平分线相等的三角形是等腰三角形。”这是一个正确结论，不过直到1840年莱默斯在给斯图姆的一封信中才首次提出，他请求给出一个纯几何学的证明。首先回答这个问题的是瑞士的几何学家斯坦纳（J.Steiner，1796—1863年）。后来该定理被命名为“斯坦纳——莱默斯定理”。论述它的文章发表在1842年、1844年、1848以及1854—1864年的多种杂志上，甚至进入20世纪后该定理在几何学中依然熠熠夺目。但是对于该定理的丰富多彩的证明大多是间接证法，直接证法难度颇大。即使间接证明，也不是轻而易举就能实现的。

自从莱默斯提出这个命题后，吸引了一代又一代的数学家和数学爱好者挑战这个命题，出现了许多构思巧妙的直接证法。下面这种证法据说是德国数学家海塞（L.O.Hesse，1811—1874年）给出的。[②]

如图7-1所示，已知$\triangle ABC$中，两内角的平分线$BD=CE$。求证：$AB=AC$。

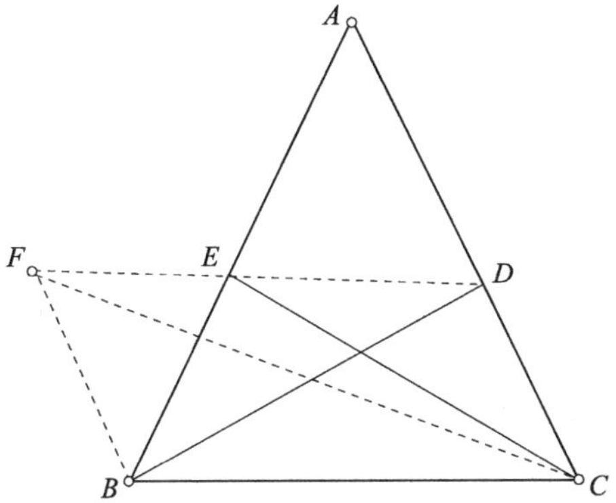

图　7-1

证明：作$\angle BDF=\angle BCE$，并取$DF=BC$，使F与C分居于直线BD的两侧，如图7-1所示。连接BF，由已知$BD=CE$得$\triangle BDF\cong\triangle ECB$。

① 于国海.斯坦纳——莱默斯定理的推广与猜想[J].上海中学数学，1994(1):39-41.

② 谈祥柏.趣味数学辞典[M].上海：上海辞书出版社，1994:202.

$\therefore \angle DBF=\angle BEC, BF=BE$。

连接CF，设$\angle ABC=2\beta, \angle ACB=2\gamma$，则$\angle FBC=\angle FBD+\beta=\angle BEC+\beta=(180^\circ-2\beta-\gamma)+\beta=180^\circ-(\beta+\gamma)$,

$\angle CDF=\angle CDB+\angle BDF=\angle CDB+\angle BCE=(180^\circ-\beta-2\gamma)+\gamma=180^\circ-(\beta+\gamma)$。

因为$2\beta+2\gamma<180^\circ$，所以$\beta+\gamma<90^\circ, \angle FBC=\angle CDF=180^\circ-(\beta+\gamma)>90^\circ$。

在钝角$\triangle FBC$、$\triangle CDF$中，$BC=DF$，$CF=FC$，所以$\triangle FBC\cong\triangle CDF$，$BF=CD$，即$BE=CD$。

于是有$\triangle BCD\cong\triangle CBE$，$\angle EBC=\angle DCB$。

所以$AB=AC$。

由上述定理可以获得两个非常巧妙的推论。

推论1 如图7-2所示，设BD、CE为$\triangle ABC$的$\angle B$与$\angle C$的分角线，如果$BD>CE$，则$AB>AC$。

推论2 如图7-3所示，设BD、CE为$\triangle ABC$的$\angle B$与$\angle C$的分角线，如果$\dfrac{BD}{AC}=\dfrac{CE}{AB}$，则$AB=AC$。

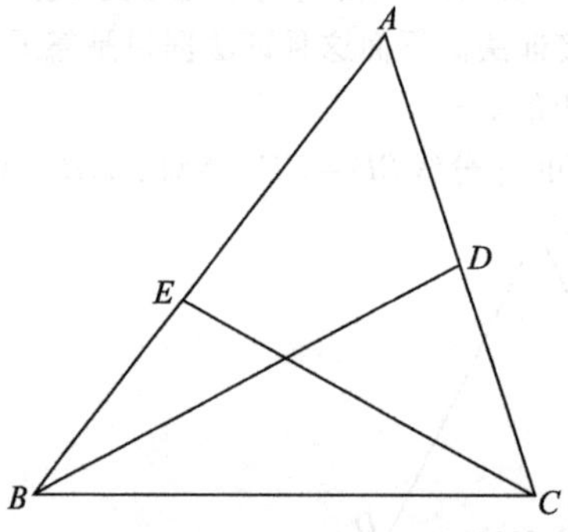

图 7-2

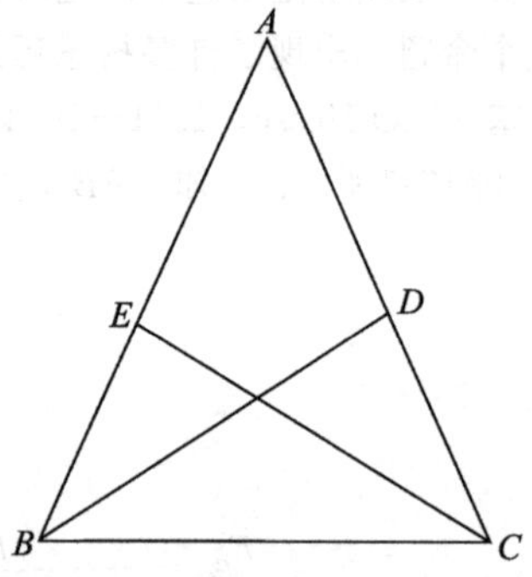

图 7-3

由上述定理以及推论，适当放宽条件，可得下列诸命题。

推广1 如图7-3所示，设D、E分别为$\triangle ABC$边AC、AB上一点，并且$\dfrac{\angle ABD}{\angle DBC}=\dfrac{\angle ACE}{\angle ECB}$，$BD=CE$，则$AB=AC$。

推广2 如图7-3所示，设D、E分别为$\triangle ABC$边AC、AB上一点，并且$\dfrac{\angle ABD}{\angle DBC}=\dfrac{\angle ACE}{\angle ECB}$，并且$\dfrac{BD}{AC}=\dfrac{CE}{AB}$，则$AB=AC$。

推广3 如图7-4所示，设l为经过点A并且平行于$\triangle ABC$的边BC的直线，

$\angle B$的内角平分线交边AC于D，交l于E，$\angle C$的内分角线交边AB于F，交l于G，如果$GF=DE$，则$AB=AC$（第31届国际数学奥林匹克竞赛备选题）。

推广4　如图7-5所示，设l是平行于$\triangle ABC$的边BC的任意一条直线，$\angle B$的内角平分线交边AC于D，交l于E，$\angle C$的内分角线交边AB于F，交l于G，如果$GF=DE$，则$AB=AC$。

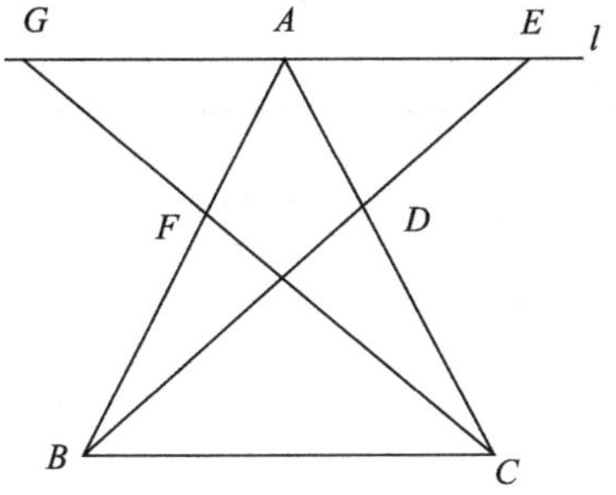

图7-4

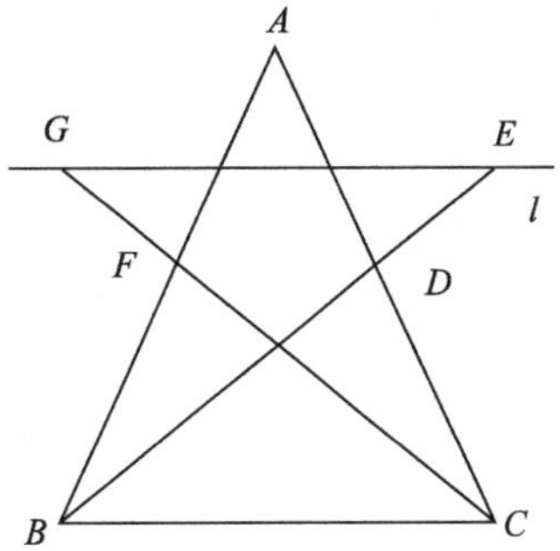

图7-5

观察上述推广命题，不难得到下列猜想。

猜想1　如图7-4所示，设D、F分别为$\triangle ABC$边AC、AB上一点，并且$\dfrac{\angle ABD}{\angle DBC}=\dfrac{\angle ACF}{\angle FCB}=k$，直线$l$是经过$A$点并且平行于$BC$的直线，$BD$、$CF$的延长线交$l$与$E$、$G$。如果$GF=DE$，则$AB=AC$。

猜想2　如图7-5所示，设D、F分别为$\triangle ABC$边AC、AB上一点，并且$\dfrac{\angle ABD}{\angle DBC}=\dfrac{\angle ACF}{\angle FCB}=k$，$l\parallel BC$，$l$交$BD$、$CF$（或其延长线）于$E$、$G$。如果$GF=DE$，则$AB=AC$。

猜想3　如图7-4所示，设D、F分别为$\triangle ABC$边AC、AB上一点，并且$\dfrac{\angle ABD}{\angle DBC}=\dfrac{\angle ACF}{\angle FCB}$，直线$l$是经过$A$点并且平行于$BC$的直线，$l$交$BD$、$CF$（或其延长线）于$E$、$G$。如果$\dfrac{DE}{AC}=\dfrac{FG}{AB}$，则$AB=AC$。

猜想4　如图7-5所示，设D、F分别为$\triangle ABC$边AC、AB上一点，并且$\dfrac{\angle ABD}{\angle DBC}=\dfrac{\angle ACF}{\angle FCB}$，$l\parallel BC$，$l$交$BD$、$CF$（或其延长线）于$E$、$G$。如果$\dfrac{DE}{AC}=\dfrac{FG}{AB}$，则$AB=AC$。

关于上述命题的证明从略，有兴趣的读者可以自己钻研。不过需要说明的是，直接证明是非常困难的。

现在重点来看看这些推广与猜想命题是如何发现的，这可能更有助于读者体会如何对一个数学问题进行有意义的思考、如何发掘一个可能的数学“金矿”。我们实际对这些命题的理论证明并没有给予特别关注（最初往往是通过直觉进行大胆猜想），当然这些命题后来有研究者均给出了理论证明。为什么能罗列出这些一系列结论？对这些结论的思考有着内在的逻辑脉络吗？答案是确定的。表7-1给出了获得这些命题的可视化思维路径，对于读者进行发现数学的训练应有启发。

表7-1　可视化思维路径

推广方向	方向1： 放宽分角线长度关系	方向2： 放宽分角线角度关系	方向3： 直线BC进行平行运动
原表达式	①$BD=CE$	②$\angle ABD=\angle DBC$ $\angle ACE=\angle ECB$	③$DB=EC$
推广表达	④$\dfrac{BD}{AC}=\dfrac{CE}{AB}$	⑤$\dfrac{\angle ABD}{\angle DBC}=\dfrac{\angle ACE}{\angle ECB}$	⑥$l /\!/ BC$ $FG=DE$
推广命题条件匹配	推论2：②④	推广1：①⑤	推广2：④⑤
	推广3：②⑥	推广4：②⑥	猜想1：⑤⑥
	猜想2：⑤⑥	猜想3：④⑤⑥	猜想4：④⑤⑥

从表7-1可以看到，对原定理的推广预设了三个方向。

（1）放宽分角线的长度关系，即$BD=CE$放宽为$\dfrac{BD}{AC}=\dfrac{CE}{AB}$。

（2）放宽分角线的角度关系，即$\angle ABD=\angle DBC, \angle ACE=\angle ECB$放宽为$\dfrac{\angle ABD}{\angle DBC}=\dfrac{\angle ACE}{\angle ECB}$。

（3）直线BC进行平行运动，即出现一条直线l平行于BC，这条直线或过A点，或不过A点。

推广命题均为原定理条件与不同推广方向的放宽条件相互组合而成，因此形成了精彩纷呈的推广与猜想命题。

第二节　回　平　数

一、回平数的定义

任给一个自然数，依次进行如下操作。

（1）先算出它的平方数。

(2) 把所得的平方数拆成两部分，前半部分数字作为第一部分，后半部分数字作为第二部分（如果是奇数位平方数，则高位添一个零，变成偶数位），得到两个新数。

(3) 把拆成的两个新数相加或相减。

如果操作的结果是一个完全平方数，则称原数为回平数。例如，$49^2=2401\to 24+01=25=5^2$，因此，49是一个回平数。

如果a位数N是回平数，且10^a-N也是回平数，则称10^a-N是N的对称回平数。例如，51就是49的对称回平数。并非每个回平数都有对称回平数，如42是回平数，但它没有对称回平数。

单个回平数或许不稀奇，如果回平数能够有规律地成组出现，就耐人寻味了。

二、第一类回平数组

请看如下例子：

$$49^2=2401\to 24+01=25=5^2$$
$$39^2=1521\to 15+21=36=6^2$$
$$29^2=0841\to 08+41=49=7^2$$
$$19^2=0361\to 03+61=64=8^2$$

49，39，29，19都是回平数，有趣的是经过回平操作所得的完全平方数是连续四个自然数的平方。这一奇妙的现象吸引我们去探寻更多的具有类似现象的回平数组。

容易验证，上述回平数组的对称回平数组是存在的，有趣的是51，61，71，81经相减回平操作的结果是5^2，4^2，3^2与2^2，也是连续自然数的平方。

进一步实验发现了四位数中具有类似现象的回平数组：

$$1099^2=1207801\to 0120+7801=7921=89^2$$
$$1199^2=1437601\to 0143+7601=7744=88^2$$
$$\cdots$$
$$4899^2=24000201\to 2400+0201=2601=51^2$$
$$4999^2=24990001\to 2499+0001=2500=50^2$$

上述数组的对称回平数组5001，5101，…，8801，8901也是存在的，经过相减回平操作得到从50到11的连续自然数的平方。

继续对更一般的情形进行实验，发现一般情况下结论也是成立的。

定理1　$\overline{a_1a_2\cdots a_n\underbrace{99\cdots 9}_{n个9}}$型数是回平数当且仅当$a_1\leqslant 4$，且经过相加回平操作得到

$$\left(\underbrace{99\cdots9}_{n个9}-\overline{a_1a_2\cdots a_n}\right)^2$$

定理2 $\overline{a_1a_2\cdots a_n\underbrace{00\cdots01}_{n-1个0}}$型数（$n\geqslant1$）是回平数当且仅当$a_1\geqslant5$，且经相减回平操作得到

$$(10^n-\overline{a_1a_2\cdots a_n})^2$$

由于篇幅所限，证明从略，下同。

从上述两个定理可以看出，回平数$\overline{a_1a_2\cdots a_n\underbrace{99\cdots9}_{n个9}}$（$a_1\leqslant4$）的对称回平数是存在的。并且能构造出一系列回平数组，经过相加或相减回平操作得到连续自然数的平方。

例如，在定理1中，令$n=3$，则知从100999到499999的间隔为1000的所有自然数，经相加回平操作得到从899到500的连续自然数的平方。在定理2中，令$n=2$，则知从5001到9901的间隔为100的所有自然数，经相减回平操作得到从50到11的所有连续自然数的平方。

三、第二类回平数组

据说下述回平数组是一位印度数学家发现的。①

$$956^2=913936\rightarrow913+936=1849=43^2$$
$$957^2=915849\rightarrow915+849=1764=42^2$$
$$\cdots$$
$$967^2=935089\rightarrow935+089=1024=32^2$$
$$968^2=937024\rightarrow937+024=0961=31^2$$

这是一个有趣的回平数组。三位数中从956到968的所有连续自然数均是回平数，并且经回平操作得到从43到31的连续自然数的平方。

有人在上述基础上进一步指出：

(1) 四位数中从9859到9900的连续自然数均是回平数，且经回平操作得到从140到99的连续自然数的平方。

(2) 五位数中从99553到99683的连续自然数均是回平数，且经回平操作得到从446到316的连续自然数的平方。

(3) 六位数中从998586到999000的连续自然数均是回平数，且经回平操作得到从1413到999的连续自然数的平方。

那么七位数、八位数有没有类似的结论呢？数学科学追求的是结论的一般性。要探索这个问题，首先需要对已知的情况进行分析，如表7-2所示，找到蕴

① 程鹏.一个奇妙的连续数组[J].初中生数学学习，2000(23):45-46.

含其中的共性。

表 7-2　回平数

数据的位数	数据分布	对应平方数底数
三位数	956～968	43～31
四位数	9859～9900	140～99
五位数	99553～99683	446～316
六位数	998586～999000	1413～999

探索目标：若一般情况下的规律存在，目标是寻找n位数的回平数组约束条件。

探索过程如下。

（1）观察表7-2中的数据特征：一类是奇数位数，另一类是偶数位数。

（2）回平数组若存在，高位应由若干个9组成，与原数的数位存在关联。据此构造一般情况下的数据表示：第一类情况下$\overline{\underbrace{99\cdots9}_{n-2\text{个}9}a_1a_2\cdots a_n}\,(n\geqslant2)$（如表7-2中的四位数、六位数），第二类情况下$\overline{\underbrace{99\cdots9}_{n-1\text{个}9}a_1a_2\cdots a_n}\,(n\geqslant2)$（如表7-2中的三位数、五位数）。

（3）确定$\overline{a_1a_2\cdots a_n}$的范围。第一类情况：容易看出$\overline{a_1a_2\cdots a_n}\leqslant9\times10^{n-1}$，但$\overline{a_1a_2\cdots a_n}$的下限确定存在困难。四位数下限是9859，六位数下限是998586，发现二者均靠近10的幂，即$859=10^3-141$，$8586=10^4-1414$。看到141与1414能想到什么？这是关键，无理数$\sqrt{2}$，借助高斯函数，$141=[\sqrt{2}\times10^2]$，$1414=[\sqrt{2}\times10^3]$，从而找到第一类情况下可能的共性，归纳出一般性认识，获得如下一般性结论。

结论 1　$\overline{\underbrace{99\cdots9}_{n-2\text{个}9}a_1a_2\cdots a_n}\,(n\geqslant2)$型数是回平数当且仅当

$$10^n-[\sqrt{2}\times10^{n-1}]\leqslant\overline{a_1a_2\cdots a_n}\leqslant9\times10^{n-1}$$

且经回平操作得到

$$\left(\underbrace{99\cdots9}_{n\text{个}9}-\overline{a_1a_2\cdots a_n}\right)^2$$

对于第二类情况，可以通过类似的探索，获得如下结论。

结论 2　$\overline{\underbrace{99\cdots9}_{n-1\text{个}9}a_1a_2\cdots a_n}\,(n\geqslant2)$型数是回平数当且仅当

$$10^n-\left[\sqrt{2\times10^{2n-1}}\right]\leqslant\overline{a_1a_2\cdots a_n}\leqslant10^n-1-\left[\sqrt{10^{2n-1}}\right]$$

且经回平操作得到

$$\left(\underbrace{99\cdots9}_{n\text{个}9}-\overline{a_1a_2\cdots a_n}\right)^2$$

根据上述两个结论，可以从形式上写出任意位数的连续回平数组。

例如，在结论1中，令$n=2$，则$86\leqslant\overline{a_1a_2}\leqslant90$，即两位数中从86到90的连续自然数均是回平数。

在结论2中，令$n=4$，则$5528\leqslant\overline{a_1a_2a_3a_4}\leqslant6837$，即获得七位数中从9995528到9996837的连续自然数，通过验证发现均是回平数，且经回平操作得到连续自然数的平方。

综上，有理由认为上述两个结论是准确的，但这依然是猜测，读者可以试着去证明。

第三节　讨论：数学发现中的一般化与特殊化

一、从数学解题谈起

成功的数学解题往往源于灵活变通的解题策略。一般化与特殊化属于极具创造性的解题策略。因为这两种策略不循规蹈矩，不按部就班。

（一）一般化

波利亚在其名著《怎样解题》中是这样阐述一般化策略的："一般化就是从考虑一个对象，过渡到考虑包含该对象的一个集合，或者从考虑一个较小的集合过渡到考虑一个包含该较小集合的更大集合。"①这种解题策略其实在中学生的日常学习中经常会遇到。例如，要比较1010^{2019}与2019!的大小，数据较大，不易下手，但是通过分析发现$\frac{2019+1}{2}=1010$，由此可把证明结论一般化为$\left(\frac{n+1}{2}\right)^n>n!$，再根据$\frac{1+2+\cdots+n}{n}>\sqrt[n]{n!}$获证。

再如，要比较两个指数式或两个对数式的大小时，若底数相同，则可以构造一个指数函数或对数函数，通过函数的单调性获解，这里运用的实际上就是一般化策略。这种思路还可以类比迁移到下面这个例子中。

例　已知实数$0<n<m<\mathrm{e}$，其中e是自然对数的底。证明：$n^m<m^n$。

分析：对不等式两边取自然对数，只需要证明$m\ln n<n\ln m$，即证明

① G.波利亚.怎样解题[M].阎育苏，译.北京：科学出版社，1982.

$\frac{\ln n}{n}<\frac{\ln m}{m}$。只需证明一个更一般化的命题：函数$f(x)=\frac{\ln x}{x}$在$(0,\mathrm{e})$上是严格递增函数。事实上，在$(0,\mathrm{e})$上，$f'(x)=\frac{1-\ln x}{x^2}>0$，即函数$f(x)$严格递增。因此，对于$0<n<m<\mathrm{e}$，$f(n)<f(m)$。问题得证。

历史上一些重大数学问题的解决思路往往与一般化相关。例如，哥德巴赫猜想，作为一个一般的问题，数学家找不到其证明方法，因此想到把问题进一步一般化，转化成证明一个大于4的偶数可以写成若干个质数的乘积与若干个质数的乘积的和。“若干个”都成了1（即1+1），猜想就获得解决，从而数学家们指向目标“1+1”，从证明“9+9”到“7+7”，直到陈景润证明“1+2”，逐步解决。

（二）特殊化

特殊化与一般化相反。在解决数学问题时，对于一些较复杂、较一般的问题，如果一时找不到解题的思路而难以入手时，不妨先考虑某些简单的、特殊的情形（特例、反例、极端情况等），通过对特殊情形的解决摸索出一些经验，或对答案作出一些估计，从而突破解题栅障，获得解题途径。

特殊化的关键是找到一个最佳的特殊化问题。在数学问题中常常存在一些特殊的数量关系或性质特殊的元素，从这些特殊化的关系或元素着手考虑往往能迅速切中问题的要害，找到解决问题的突破口。解题中经常运用的特殊值法就是特殊化方法的一种。一些数学问题经过特殊化思考，还能找到原问题的解题思路与方法。如“设三角形三边长分别为$m^2-1,2m+1,m^2+m+1$，试求此三角形的最大角”。要求最大角的关键是找到最大边。三条边哪一条最大呢？可以找一个特殊值代进去看看，目标明确后再比较一般情况下的三边长短就方便了。在运用特殊化方法寻找解题思路时，问题中的特殊因素有时可能难以察觉。要迅速发现问题中的特殊因素，解题者在平时解题中应善于积累数学中的某些特殊图形、特殊关系、某些特殊概念及其性质。

二、数学发现中的一般化与特殊化

在数学发现中，一般化与特殊化策略的指向有所不同。在数学解题中，采用一般化策略的目的是获取特殊问题的求解路径，而在数学发现中，采用一般化策略是为了从一类事物的特殊性结论出发，获得关于该类事物更一般、更深刻、更抽象的结论，即通常所说的推广。从这一角度看，通过归纳推理获得一般结论也是数学的一般化过程。但是本章所说的一般化更侧重于在特殊性结论基础上通过不同层次、不同方向的抽象认识获得数学内部规律的深层理解。而数学发现中的特殊化则是通过对一般性结论的条件限制获得关于该类事物不同侧面、不同角度的更具体认识。

(一) 数学发现中的一般化

对数学问题的一般化思考是数学科学得以不断深入、不断发展的内在动因，追求一般化结论是数学研究的基本思路。17世纪，法国数学家帕斯卡（Pascal，1623—1662年）在16岁发现被后人冠以“帕斯卡六边形定理”的结论：“圆锥曲线的内接六边形，延长相对的边得到三个交点，这三点必共线。”该定理被认为是射影几何最重要的定理，据说帕斯卡从这个定理出发获得400多条推论。该定理的获得就经历了一个一般化思考的过程。帕斯卡首先对圆这一特殊圆锥曲线进行研究，发现了这一定理，然后实现由圆到圆锥曲线的一般化，证明它对所有圆锥曲线都成立。

从上述案例可以看出，数学发现中的一般化经常具体体现在数学命题的推广过程中。波利亚在《数学与猜想》中用一个非常恰当的例子对其进行了精辟的描述。求“$1^2+2^2+3^2+\cdots+n^2=?$”这个问题在前面曾经作为一个建立在类比思维基础上图形证明的例子讨论过。如果我们视其为一个待解决的数列求和问题，其思维过程就可以采用特殊化策略。一般化比特殊化策略更强调的是数学思维过程。如果试图探索此问题可能的结果（这个结果应能够运用n的关系式简洁表达，否则就是无意义的探索），其过程如下。

$$1^2=1$$
$$1^2+2^2=5$$
$$1^2+2^2+3^2=14$$
$$1^2+2^2+3^2+4^2=30$$
$$1^2+2^2+3^2+4^2+5^2=55$$

联想$1+2+\cdots+n=\dfrac{n(n+1)}{2}$这个简单的结论，可以获得下列一系列事实。

$$\frac{1^2}{1}=\frac{3}{3}$$
$$\frac{1^2+2^2}{1+2}=\frac{5}{3}$$
$$\frac{1^2+2^2+3^2}{1+2+3}=\frac{14}{6}=\frac{7}{3}$$
$$\frac{1^2+2^2+3^2+4^2}{1+2+3+4}=\frac{30}{10}=\frac{9}{3}$$
$$\frac{1^2+2^2+3^2+4^2+5^2}{1+2+3+4+5}=\frac{55}{15}=\frac{11}{3}$$

这时，发现隐蔽在结果中的规律逐渐浮现出来。推测的结论如下：

$$\frac{1^2+2^2+3^2+\ldots+n^2}{1+2+3+\ldots+n}=\frac{2n+1}{3}$$

也就是$1^2+2^2+3^2+\cdots+n^2=\dfrac{n(n+1)(2n+1)}{6}$。

这个结论的推测过程运用的就是数学发现的一般化策略。需要注意的是，这个过程是不严密的，其结论是否正确，同样需要补充一些工作，如理论证明。在证明之前可以先行验证，$n=6$，$n=7$，…时结论正确。接下来就是寻求一个严格的理论证明。这对于一个中学生来说属于基本的数学能力（运用数学归纳法）。

刚才的推广过程表述了数学发现中数学结论一般化的基本过程，这一过程与前面的归纳推理过程类似。事实上，在对一个数学命题进行一般化的过程中，还可能对特殊性命题从不同方向进行一般化，从而可能会导致一般性命题的多样性，不同方向、不同层次推广结论的交互使命题更加一般化。例如，对于上述问题，理论上可以考察1，2，3，…，n的三次方和、四次方和，乃至m次方和的情形，只是寻找一个用自然数n的关系式表达的结果越发困难，三次方情形如下：

$$1^3+2^3+3^3+\cdots+n^3=(1+2+\cdots+n)^2=\left[\frac{n(n+1)}{2}\right]^2$$

在前n个自然数的幂和中，指数增加时等式右边似乎存在某种共性。然后考虑四次方的情形。

$$1^4=1$$
$$1^4+2^4=17$$
$$1^4+2^4+3^4=98$$
$$1^4+2^4+3^4+4^4=354$$
$$1^4+2^4+3^4+4^4+5^4=979$$
$$\frac{1^4}{1^2}=1=\frac{5}{5}$$
$$\frac{1^4+2^4}{1^2+2^2}=\frac{17}{5}$$
$$\frac{1^4+2^4+3^4}{1^2+2^2+3^2}=\frac{98}{14}=\frac{35}{5}$$
$$\frac{1^4+2^4+3^4+4^4}{1^2+2^2+3^2+4^2}=\frac{354}{30}=\frac{59}{5}$$
$$\frac{1^4+2^4+3^4+4^4+5^4}{1^2+2^2+3^2+4^2+5^2}=\frac{979}{55}=\frac{89}{5}$$

注意上面一系列等式右边的结果，如果我们能够找到数列的规律，就可以探索到前n个非零自然数四次幂和的公式。把后面一项减去前面一项，又变成了

一个等差数列。按照上述规律推测5，17，35，59，89，…的通项公式，从而得到

$$a_n = 3n^2 + 3n - 1$$

$$\frac{1^4 + 2^4 + 3^4 + \cdots + n^4}{1^2 + 2^2 + 3^2 + \cdots + n^2} = \frac{3n^2 + 3n - 1}{5}$$

$$1^4 + 2^4 + 3^4 + \cdots + n^4 = \frac{1}{30} n(n+1)(2n+1)(3n^2 + 3n - 1)$$

上述结论对吗？当$n=6$时，上面等式成立。据说这个等式最初是由阿拉伯数学家阿尔·花剌子模（Al-Khwarizmi，约780—850年）给出的。

随着次数升高，爬坡的难度显然要增加，关于前n个非零自然数的m次幂和问题，我国数学家朱世杰的“招差术”与瑞士数学家雅各布·伯努利的研究非常有效。有兴趣的读者可以阅读相关资料。①

下面这个例子能恰切反映推广的方向性。

如果a，b，c是正数，则

$$\frac{a^2}{b+c} + \frac{b^2}{c+a} + \frac{c^2}{a+b} \geqslant \frac{a+b+c}{2}$$

观察上述命题，对该问题的一般化存在两个不同的方向：①n个正数$a_1, a_2, \cdots, a_n$的情形；②a_i的指数为m次($m \in \mathbf{N}$)的情形。并且两个不同方向的推广还可以交互运用，获得更一般的推广命题（在第四章已有详述，此处不再赘述）。

（二）数学发现中的特殊化

数学发现中的特殊化是通过对一般性命题不同角度的限制约束条件获得特殊化结论，从而产生具体场景的研究与应用价值。

一些数学竞赛中的趣味性年代问题经常是由一个一般性问题的特殊化形成的。例如，把2019分成若干自然数的和，求分成的若干自然数积的最大值。实质上该问题是针对一般性问题“把自然数n分成若干自然数的和，求分成的若干自然数积的最大值”的特殊化。

若$n=3$，分成1与2显然大不过3；若$n=4$，分成1与3以及2与2两种，后一种乘积更大；若$n=5$，可以分成1与4，2与3，分成2与3乘积最大；若$n=6$，分成3个2或2个3，后一种乘积最大。实际上，若自然数n分成若干自然数的和，假设其中有一个a。

若$a \geqslant 5$，则$3(a-3) > a$，只要分成的自然数中出现大于等于5的数，自然数n拆分后的自然数乘积就不可能最大。因此要使自然数n分成若干自然数的和后的若干自然数乘积最大，必然要分成小于5的数，由

① 吴振奎，赵雪静．数学大师的发现、创造与失误[M]．哈尔滨：哈尔滨工业大学出版社，2018：171–176.

于 $3\times3>2\times2\times2$，因此，就有如下结论。

若 $n=3k$，则分成的若干自然数积的最大值为 3^k；

若 $n=3k+1$，则分成的若干自然数积的最大值为 $3^{k-1}\cdot2^2$；

若 $n=3k+2$，则分成的若干自然数积的最大值为 $3^k\cdot2$。

通过以上分析，可以对一般结论特殊化，如把自然数2019分成若干自然数的和，则分成的若干自然数积的最大值为 3^{673}；把自然数2020分成若干自然数的和，则分成的若干自然数积的最大值为 $3^{672}\cdot2^2$；把自然数2021分成若干自然数的和，则分成的若干自然数积的最大值为 $3^{673}\cdot2$。

再如，加拿大1989年第30届国际数学奥林匹克训练题"存在有无穷多个自然数 n，使对给定的自然数 m 而言，$mn+1$、$(m+1)n+1$ 为完全平方数"是命题"存在有无穷多个自然数 n，使 $2n+1$、$3n+1$ 为完全平方数"的一般化，通过对一般问题的特殊化又可以产生许多特殊性命题如"存在有无穷多个自然数 n，使 $3n+1$、$4n+1$ 为完全平方数"。

再如，若 $a_i>0(i=1,2,\cdots,n),m,n,k\in\mathbf{N}$，且 $m\geqslant 2k$，则

$$\frac{a_1^m}{a_2^k+a_3^k+\cdots+a_n^k}+\frac{a_2^m}{a_1^k+a_3^k+\cdots+a_n^k}+\cdots+\frac{a_n^m}{a_1^k+a_2^k+\cdots+a_{n-1}^k}\geqslant\frac{a_1^{m-k}+a_2^{m-k}+\cdots+a_n^{m-k}}{n-1}$$

对上述命题特殊化可以获得不同方向上的许多命题。如第31届国际数学奥林匹克竞赛的一道备选题即是其特殊化结论：设 a，b，c，d 是满足 $ab+bc+cd+da=1$ 的非负实数，试证 $\frac{a^3}{b+c+d}+\frac{b^3}{a+c+d}+\frac{c^3}{a+b+d}+\frac{d^3}{a+b+c}\geqslant\frac{1}{3}$。

在前面回平数的探索中，七位数中从9995528到9996837的连续自然数均是回平数，且经回平操作得到连续自然数的平方。这一发现并不是通过实验获得的，实际上是通过对已经认识的两位数、三位数、四位数回平数组的分析，对蕴含其中的内在规律一般化，即通过推广获得关于 n 位数的猜想，然后对一般情况下的猜测特殊化所获得的。

在数学发现中，一般化与特殊化往往互相配合、相辅相成。

第八章
CHAPTER 8

为发现而教：数学教学的本真回归

人的内心里有一种根深蒂固的需求——总是感到自己是发现者、研究者、探寻者。在儿童的精神世界中，这种需求特别强烈。但如果不向这种需求提供养料，即不积极接触事实和现象，缺乏认识的乐趣，这种需求就会逐渐消失，求知兴趣也与之一道熄灭。

——苏霍姆林斯基

引　言

随着世纪初基础教育课程改革的实施与推广，各种新的教育理念、教育方法手段不断涌现，基础教育终于破茧成蝶，焕然一新。虽然由于升学指挥棒的长期压制，与时俱进的教育理念与重知轻能的教育实践冲突依然存在，证书教育、补差教育、快慢教育、择校教育、签字教育等实践乱象也并未从根基上消除传统教育带来的负面影响，但从某种程度上说，基础教育已经彻底冲破了精英教育的枷锁，人们的教育思想观念也逐渐产生了根本转变。一言蔽之，基础教育课程改革带来的影响是深刻的、深远的。

在基础教育从应试教育向素质教育转变以及新课程实施与推广进程中，数学教育经历了从重视“双基”（即基础知识、基本技能）到凸显“四基”（即基础知识、基本技能、基本思想、基本活动经验）课程目标，从注重“四基”到聚焦学生发展核心素养的转变。时至今日，认知主义、建构主义、人本主义、大众数学教育的深度融合，使数学教育繁花似锦，欣欣向荣，尤其是G.波利亚提出的口号“让我们教猜想吧”进入我国数学课程之后，数学不再是一门高不可攀、令人敬畏的学科，演绎推理不再是数学学习的全部，合情推理在数学学习中终占一席之地；教师也不再进行“以本为本，以纲为纲”的教条主义传授，学生学习也不再分数至上，教师唯上。

当下，基础教育聚焦学生发展核心素养为步入深水区的后课程改革确正了航向。新的《高中数学课程标准》已经颁布，“数学抽象、逻辑推理、数学建模、直观想象、数学运算、数据分析”的普通高中数学学科六大核心素养体系已经确立。就义务教育阶段的数学课程来说，虽然目前核心素养体系并没有明确界定。但是，数学核心素养发展的最高境界正逐渐指向学习者的创造素养。而引领学习者发现数学则是创造素养培育的重要路径。因此，作为一线数学教师，“为发现而教”应成为一个价值鲜明的教育教学理念与航标。

第一节 好教育需要好教师

要办好的教育，必须有好的教师。什么样的教师才是好教师？如何成为一个好教师？2014年9月9日，中共中央总书记、国家主席、中央军委主席习近平同北京师范大学师生代表座谈时的讲话指出好教师的四个标准，即理想信念、道德情操、扎实学识、仁爱之心。[①]习总书记的讲话精辟诠释了新时期好教师的深刻内涵，也为每一位教师的终身追求指明了方向。

作为数学教师，如何在日常工作中对照四个标准不断激励提升自己？我觉得，课堂教学是衡量数学教师优秀与否的关键，因为上课是教师工作的第一要务。但是，什么是好课？不同历史时期的教育有不同的理解，不同的人心目中也有不同的衡量标尺。中国古有“师者，所以传道、授业、解惑也!”的经典名言，今有“千教万教教人求真，千学万学学做真人”的警世佳句。一位教师出口成章，高屋建瓴，讲解透彻，可能会获得领导、家长称赞，但学生可能并不喜欢；另一位教师坚持以生为本，放飞课堂，可能难以获得领导、家长认可。看来，鸦雀无声的课堂不一定一无是处，氛围活跃的课堂也不一定完好无缺。在当下基础教育聚焦核心素养发展这一大的背景下，人们的认识逐渐趋同，即以“素养为本”设计教学，才可能上好课。但是如何培养学生的数学核心素养，这似乎又是一个难题。

一、引领学习者感悟数学是与众不同的科学

与物理、化学等自然科学乃至政治、经济等社会科学比较，数学科学具有自身独有特征。这门科学的抽象度高，不仅是现实世界的抽象，在其内部还能够在抽象基础上实现进一步抽象；这门科学的逻辑非常严密，不容丝毫逻辑漏洞，定理与猜想具有严格界限；这门科学的应用非常广泛，可以运用于其他自然科学甚至社会科学的各个领域。正如著名数学家华罗庚在《化工数学》一书的《大哉数学之为用》中说过：“宇宙之大，粒子之微，火箭之速，化工之巧，地球之变，生物之谜，日月之繁，无处不用到数学。”

记得我早年的一位初中几何老师是本家大叔，其独特的教学方法至今印象深刻。于老师授课之余总是经常布置一些教材外的几何证明题激励我们寻找尽量多的方法证明。在他潜移默化的影响下，班级同学几何学习的热情高涨，许多同学都备有一本特别的作业本，经常在课间围绕某个问题的多种证明交流争

① 习近平.做党和人民满意的好老师:同北京师范大学师生代表座谈时的讲话[M].北京:人民出版社,2014.

论。在一次测验中，有道考题是证明教材中的定理“三角形的内角和等180°”。我临时发挥，用三角形的外角定理非常简单漂亮地“证明”了三角形内角和定理。后来老师对我证明的评点可谓通俗易懂：“凡事要讲秩序，三角形外角定理是通过内角和定理证明的，怎么能反过来呢?”后来我终于明白这是几何证明中最忌讳的循环论证。数学这门科学逻辑严谨，推演缜密，的确与众不同。在数学教师日常教学中，应引领学习者感悟数学科学的独特性。

二、善于营造氛围激发学习者数学兴趣与求知欲

数学科学在一些人的心目中可能是高深莫测、令人生畏的。不可能要求每个人都学好数学，应该允许“不同的人在数学上获得不同的发展”。实践告诉我们，如果一个人对某件事非常感兴趣，他就会非常投入地去做。兴趣是数学学习非常关键的因素。

记得当年高中阶段的数学学习，我所在的一所县重点中学，班上同学绝大部分都是中考筛选出来的佼佼者。下午第一课是代数课，数学老师夏老师，讲课幽默，信息量大，板书虽然喜欢见缝插针，但却非常适合我们。上了几分钟课，夏老师可能是发现学生状态不佳，突然在黑板的中间醒目处写了一个等式，至今依然印在脑际：

$$1+\frac{1}{2^2}+\frac{1}{3^2}+\frac{1}{4^2}+\cdots=\frac{\pi^2}{6}$$

全班同学突然骚动起来，许多同学睡意全无。为什么呢？那时的中学教材没有极限知识。看到这种情况显然会出现困惑：左边都是有理数，右边是无理数，而且式子中还有π，怎么会相等呢？立即有几个同学就叫了起来：“夏老师，写错了吧!”夏老师却说：“同学们，你们是不是都以为自己数学学得不错？其实数学里还有许多奥秘呢！这是数学中的一个非常有名的结论，是数学家欧拉发现的。只要认真学习，总有搞明白的一天。”

这个小小的故事告诉我们什么？兴趣、求知欲是数学学习的内驱力。作为教师，要善于营造氛围，把握机会，激励学生。

三、善于引领学习者探索数学科学的奥秘

求知欲与探索欲是有本质区别的。求知欲是学习者对知识学习的内在需求，体现的是对前人经验积累的崇拜；探索欲是渴望理解未知世界的内在愿望。体现的则是对未知世界的开拓。爱因斯坦说：“我从事科学研究是出于一种不可遏止地想要探索大自然奥秘的欲望，别无其他动机。”学校教育的目标应是在知识教学基础上激发学习者的创新与探索潜能，这也是当下基础教育聚焦学生发展

核心素养的一个内在的价值诉求。只有通过未知世界的不断探索，人类文明才得以砥砺前行，与时俱进。而数学学习则是训练、引领学生探索未知世界的载体。教学中设法引领学习者探索数学科学的奥秘有利于学习者创造潜能的开发。记得在大学学习期间，我在某个资料中看到“斯坦纳——莱默斯定理”的介绍，我非常惊诧当初欧几里得居然漏掉这个“简单”的结论。通过思考，我居然也获得了几个证明，还写了一篇一题多解的文章，请教班主任葛老师。他看了一下我的文章，说了一句：“如果BC所在的直线动起来，会怎么样呢？”老师寥寥数语，顿时令我醍醐灌顶，茅塞顿开，对原问题进行不同角度的思考，最终获得一系列推广与猜想。一个好的老师要善于寻找契机点拨学生，不能满足于“传道、授业、解惑”，要成为学生探索创造的指路明灯。

中国有句古话“亲其师，信其道”，教师是学生的引路人，深受学生喜欢的教师才能成为好的引路人。渊博的知识功底、严谨的治学态度、善于激发学生的兴趣与求知欲、善于发掘学生的创造潜能，我想至少做到这几点才可能成为一位好的数学教师。

第二节 为发现而教：数学知识教学寻路①

当下，随着基础教育课程改革的深入推进，关于知识教学的话题辩争似又再起烽烟。鉴于知识教学承载的育人功能的基础性、关键性，涉及知识的话题往往受到业界普遍关切。知识教学的价值何在？如何开展知识教学？不同的教育理念固然会引发不同的诠释与路向抉择，但对这些问题的理性思辨在基础教育聚焦学生核心素养发展的大背景下变得越发迫切，亟须廓清厘定。

一、误区：偏轨的知识教学观念

（一）知识决定一切

人无知识就如身体缺失了部件，难以独步社会。因此，在知识本位论者看来，知识无疑最为重要，知识决定命运，知识决定一切。这些命题成就了中国传统教育“知识唯上”的独特风景，即便在知识推陈出新、素质教育扎实人心的信息时代，人们依然对学习者的知识多少给予高度关注。我以为，这些知识论调作为励志警言无可非议，但若视其为学校课堂灌输知识的理据应是不妥。因为一线教师一旦秉持这些观念，教学运行就可能高度聚焦知识记忆与操练，

① 于国海.指向深度学习的知识教学——以小学数学为例[J].基础教育课程,2020(11):38-44.

而无视学生是否理解、是否领悟知识背面的绚丽景观。知识能否决定一切？不妨放眼于信息社会这一大视界重新审察。其一，这是一个知识呈几何级数增长的时代，学习者无法拥有一门学科的所有知识，试图让他们掌握充足的知识并不现实；其二，静态的、僵化的知识不能适应科技的进步、社会的发展，今天学校课堂传授给学生的知识若干年后有可能落后于时代；其三，拥有知识难以成为一个人的社会立身之本，博学者不一定素养高，一个人不擅长思考，不善创新，即使拥有再多知识，也是徒劳，而一个人素养下劣，即便知识丰富，也可能不用于正道。

因此，现代教育本质上追求的是培养“全面发展的人”而不是博学者。在《中国教育现代化2035》提出的推进教育现代化指导思想中，明确提出要“培养德智体美劳全面发展的社会主义建设者和接班人”，在推进教育现代化的八大基本理念中，首先突出强调“更加注重以德为先，更加注重全面发展”。①这些纲领性表述彰显了社会主义教育的价值诉求。

（二）知识是最基本的核心素养

学生发展核心素养框架体系构建的尘埃落定，为步入深水区的基础教育新课程确正了航向。虽然学生发展核心素养框架指向“关键能力”与“必备品格”，但是研究者对知识的素养属性依然存在分歧。就数学教育讲，一类观点是认同“知识素养”，有研究者视“数学双基”为基层要素构建了涵盖“数学双基、问题解决、数学思维、数学精神”的四层数学核心素养体系；②另一类观点则把数学核心素养视为高于知识层面的教育元素加以诠释。如有学者借鉴弗兰登塔尔“数学化”思想，指出数学核心素养应涵盖学生发展必需的关键能力、思维方式、数学品格及健全人格等。③这些分歧实质是“知识本位”与“能力本位”教育观的现代冲突。知识与能力在教育的天平上孰重孰轻？不同理念固然都存自圆其说之论，但必然会带来教育目标与内容的异径价值取舍。因此，辩争可无终结，但教育实践须形成倾向性态度。知识作为“素养”的基层要素少有歧义，但能否作为“核心素养”的要素？若视其为核心素养的基层要素，核心素养与素养概念的层级区分必将模糊，易形成逻辑混乱，难以凸显“核心”要义。把知识技能剖离出来，核心素养与素养的类属关系将更为清晰，不仅可避免核心素养的理论研究与实践操作覆陷“知识唯上”的回轮，也可助推教育

---

① 中共中央国务院.中国教育现代化2035[EB/OL].[2019-02-23].http://www.moe.gov.cn/jyb_xwfb/s6052/moe_838/201902/t20190223_370857.htm.

② 吕世虎，吴振英.数学核心素养的内涵及其体系构建[J].课程·教材·教法，2017(9)：12-17.

③ 孔凡哲，史宁中.中国学生发展的数学核心素养概念界定及养成途径[J].教育科学研究，2017(6)：5-11.

研究从“知识传递”转向“知识建构”。[1]经济合作与发展组织（OECD）的“素养的界定与遴选：理论和概念基础”DeSeCo项目指出：核心素养的内涵超越了直接传授的知识和技能。[2]因此核心素养的基层要素不应界定为知识，知识的重要性在于其“载体”的教育功能。若将数学核心素养体系比作“素养大厦”，知识技能则为大厦的地基，缺失知识技能的支承，核心素养大厦就成为无根无基的云中楼阁。

（三）知识学习的目的是应用

关于知识学习的目的，人们首先想到的就是“应用知识解决问题”，因为解决问题必然要运用相关知识。为什么要解决问题？因为要巩固知识。为什么要学习知识？因为要解决问题。这种因果回旋论调颇具迷惑性。其一，问题的解决需要相关知识储备，但学习者拥有的知识有限，不可能用已拥有知识解决所有问题，因此，知识学习是重要的，但如何获取知识、如何寻找“脑补”之路获得需要的知识应更重要；其二，解决问题首先需存在问题，因此发现问题、提出问题应更重要，这是创造性素养培养之基，这种素养的形成与发展必然蕴含在长期知识学习的过程体验中，是知识学习应有之义；其三，应用固然是知识学习的目的，但知识学习的目的不单在于掌握并应用，更重要的是在学习过程中自我学习、理性思辨、思维创生、良好德行的体悟与塑造，即发展核心素养，这是知识学习更重要的目的。

二、审察：知识教学的三重境界

偏轨的知识教学观念直接影响了一线教师的课堂教学运行，浅表化（淡漠知识内容背后的思想、方法、思维及价值旨趣）、专制化（唯书、唯上、知识灌输）与碎片化（为应付考试而记忆知识点）的知识教学[3]阻滞了教育教学变革与发展，革故鼎新势在必行。为使知识教学回归本真，有必要审察课堂知识教学的价值定位。从课堂知识的表现形态看，可把知识分为显性、隐性、创生三种层次或表现形式。若对课堂知识教学在不同理念下进行客观审察，课堂教学行为存在与之对应的三种迥然境界。

（一）境界一：传递显性知识

显性知识是指一门学科内容体系中反映出来的没有争议的规定或定论，通常以文字、符号形式呈现在教材中，如数学教材中的概念、规律、定理、公式

① 钟启泉.基于核心素养的课程发展：挑战与课题[J].全球教育展望，2016(1)：3-25.

② 李艺，钟柏昌.谈“核心素养”[J].教育研究，2015(9)：17-23.

③ 李润洲.核心素养视域下的知识教学[J].教育发展研究，2017(8)：69-76.

等客观事实。显性知识教学是课堂教学的首要任务，没有显性知识，问题解决将失去逻辑根基，承载于知识基础上的“关键能力与必备品格”也就成为空中楼阁。传统教学过分关注知识结果的传递，无论是灌输还是启发，本质上都是为了掌握知识，讲清楚、讲正确是教师的期望，因此这一境界的知识教学往往凸显知识结果的浅表化罗列、碎片化记忆与专制化习题操练。现代教育普遍认为关注知识结果的同时更应关注引领学习者经历知识的形成过程。但“知识唯上”的观念导致教学中不注重引领而是简单化展示知识形成过程，其本质归根结底还是传递。

（二）境界二：深挖隐性知识

隐性知识是蕴含在显性知识学习过程中的层级较高的内隐教育元素。这些教育元素在特定研究境域下有特定的外延释读。比较一致的观点是把一门学科的思想方法、思维方式等认为是隐性知识，也可理解为知识滋养的“智慧”。借助美国著名心理学家麦克利兰提出的“素质冰山模型”进行理解：知识处于“冰山模型”的水面之上；智慧德行则隐于水面之下，对个体行为与表现起着关键作用。因此，隐性知识可理解为“符号所掩盖的思想、思维方式、价值观和思想意识”。[①]隐性知识隐含于显性知识教学过程中，在现行学校课程三维目标中可粗略理解为“过程与方法、情感态度价值观”目标所指的教育内容。因此这一境界的知识教学不满足于知识结果的记忆与操练，而是期望通过教学法的精心策划，引领学生借助知识这一载体修悟学科核心素养。在数学学科中，显性知识教学中蕴含着数学的思想、思维等学科内核以及自信、自控、毅力、勇气、责任心、好奇心等丰富的教育元素，但这些元素并未呈现在教材中，需教师高屋建瓴，深挖蕴含其中的核心素养以升华教学意旨。

（三）境界三：前瞻创生知识

创生知识是学习者在已有知识基础上通过思维、发现、探索获得学科的新认识、新结论，这种新认识、新结论是相对的，是基于学习者的“新”。创生是社会不断发展的需要，也是一个人持续进步的内驱力。前瞻创生知识是知识教学的最高境界。因此，培养学习者的创生意识、创生精神是学校教育的重要责任。学校课堂应放眼长远，为培养创造性人才奠基。由于思维特点、智力状况不同，中小学生的创生能力有所不同。一个中学生或许能进行独立创生，但对于一个小学生来说创生不易。数学学科中，往往需要学习者灵活提取已有知识以及能驾驭的各种策略方法，如化归、归纳、类比、特殊化、一般化等，通过思维发散、求异、批判等，发现新的数学结论，引发知识创生。因此，小学生难以实现独立创生，小学数学教学中所说的“创生”一般指通过知识创生的过程体验孕育与积淀学习者创生素养。如现行小学数学教材中许多知识（概念、规律等）教学往往呈

① 郭元详.论学习观的变革:学习的边界、境界与层次[J].教育研究与实验,2018(1):1-11.

现了知识形成过程，实质期望教师引领学生了解知识再发现、再创造的过程。

三、旨归：知识教学的价值意蕴

知识如何教授才能服务于学生核心素养的发展目标？由于核心素养是超越直接传授知识层面的“关键能力”与“必备品格”，显然知识教学不能滞停于显性知识传递，应深挖超越知识层面的凸显学科本质的教育元素。换言之，知识教学的价值在于以显性知识教学为载体，引领学生修悟蕴含其中的层级更高的对人发展更有用的教育元素——智慧与德行。知识学习的价值追求不在于成功掌握知识结果，而在于力求发展自身思维并强化主动探索愿望，实现知识的智慧化①，即转识成智，化知为德，智德兼修。

“转识成智”源于佛教唯识宗，意指通过修行去除世俗心识，实现心智转换，成就超越智慧。“转识成智”运用于教育领域，恰切诠释了知识教学的价值意蕴：一个人的知识学习不在于追求渊博，而在于将其所拥有的知识转化为个人智慧。有言道：积学成智，智者不惑。学校教育的作用是要助推知识向智慧的转化。

“化知为德”即化知识为德行，德行即内在品格修养。《荀子 · 劝学》有言：“积善成德，而神明自得。”积累善行养成高尚品德，自然就会达到最高智慧，具备圣人精神境界。古人论“德”，追崇自修自悟。德恶者乃积恶而成，而教育的作用就是促进人的高尚品德的养成，因此，在学校课堂中，教师应是学生的“德”的指路明灯，引领学生在知识学习中修悟德行。

“智德兼修”即智慧与德行都应修悟。有聪明才智的人不一定能成为德高者，德高却可能达到智慧至臻境界，因此学校教育要充分利用知识教学这一主阵地，引领学生“智德”共生共长。培根有言：知识就是力量。在那个时代或许一个人知识是否渊博与他的成功息息相关，在今天学校教育环境下我们要说知识的力量在于其能通过学校教育影响转化为个人的智慧与德行，进而使学习者在将来的工作生活中获得成功。

四、寻路：知识教学的本真回归——以小学数学为例

数学核心素养培育的终极目标是“三会”，即“会用数学眼光观察现实世界，会用数学思维思考现实世界，会用数学语言表述现实世界”，②“三会”的

① 刘利平.转识成智：知识教学的价值诉求[J].当代教育与文化，2019(1)：63-71.

② 史宁中，等.关于高中数学教育中的数学核心素养[J].课程·教材·教法，2017(4)：8-14.

最高境界可视为创造素养循序发展。创造素养培育需要学习者有一定的文化基础，更需要其他诸多核心素养的耦合或支撑。学习者的创造素养与数学家的创造素养应有区别，更多体现为“再发现”与“再创造”，学习者通过解决现实问题，发现或创造数学结论往往需要运用各种学科的核心素养，如模型构建、策略运用、数学推理等。因此试图在“知识唯上”的课堂中培育创造素养是不现实的。

虽然当前聚焦学生发展核心素养对课程的设计、教学与评价变革等提出了更为明确的价值指向，数学知识教学也已经在这一大背景下实现了从结果向过程的转变。但是，教学实践中由于评价依然存在重结果、轻过程的现象，如考题注重知识结论的识记与套用，使一些教师教学中并未把教学的重点置于知识形成过程，而是关注知识的记忆与操练，甚至有教师认为教学时间花在这方面得不偿失，而把时间花在知识结论的理解、巩固与运用上更有实际效果。这些观念直接导致数学核心素养在教学过程中的渗透不能落到实处。通过发现提升学习者的数学核心素养自然也就成为空谈。践行深度教学，从显性知识升华到隐性知识，从思想、方法与思维升华到人文情怀与科学精神，[①]才能让知识教学回归本真，为发现而教！

深度教学源于人们对深度学习的理论研究。业界研究沿着两条脉络展开：一条是机器学习领域的探索，另一条是与人的浅层学习相对应，是人的认知触及事物本质的程度。[②]深度学习属于第二种，意指学习者基于自发自主的内在兴趣与动机形成的得以长期维持、全身心投入的持久学力。[③]这一概念首先由美国学者弗伦斯·马顿（Ference Marton）与罗杰·萨尔乔（Roger Saljo）在1976年提出。不同于浅层学习（surface learning），深度学习（deep learning）凸显理解、推理、分析、综合、评价、创造等高阶思维，以知识深度加工、深度思维、意义建构为主要特征，可产生较高水平的认知迁移。在深度学习中，学习者思维突破了浅层学习的感知、记忆、模仿、操练等低阶方式，不仅能营造一种愉悦的、沉浸的学习状态，还能形成自主的、持续的探索冲动，深化为不断发展的内驱系统，因此深度学习理念高度契合当下我国基础教育课程创造性人才培养的价值诉求，表现出良好的实践操作价值。践行深度教学，引领学生的数学发现学习成为当下核心素养培育的路径。围绕发现数学，构建系统化可操作的实践策略，可以更为直接且有效地培养他们的创造素养。下面以小学数学为例，探讨知识的深度教学路径。

---

① 李润洲.核心素养视域下的知识教学[J].教育发展研究，2017(8)：69-76.

② 伍红林.论指向深度学习的深度教学变革[J].教育科学研究，2019(1)：55-60.

③ 陈静静，谈杨.课堂的困境与变革：从浅层学习到深度学习——基于对中小学生真实学习历程的长期考察[J].教育发展研究，2018(15)：90-96.

（一）凸显知识教学的情境性、过程性与结构化

显性知识是隐性知识、创生知识教学的载体，要引领学习者从记忆与操练层面的浅表学习转变为以推理、分析、探索、创生为特征的深度学习，关键是围绕学生的核心素养发展进行教学流程的深度预设，即“立足学科方法、思想与思维及其价值旨趣来统筹、贯通学科概念、命题与理论”。[①]缺乏深度预设的知识教学容易导致思维的泛化，难以触发学生高阶思维。预设应注意以下三点。

（1）情境性。情境是知识教学的逻辑起点。学生发展核心素养“不是直接由教师教出来的，而是在问题情境中借助问题解决实践培育起来的”。[②]小学数学知识是数学科学中最基础的部分，往往是现实世界具体对象的抽象概括。因此，小学数学知识往往可找到现实或具体情境的支撑，脱离知识所处情境，小学生由于年龄与思维的特殊性而难以理解所学知识揭示的数学内核，他们要掌握数学知识，就会被迫进行记忆、操练的浅表学习。另外，情境的重要性还在于可以营造德行熏染氛围，充满正能量的知识背景不仅可引领学生感悟情境背面丰富的数学事实，也可对学生情感、态度、价值观施加潜移默化的教育影响。

（2）过程性。知识教学要重视引领学生经历其形成过程，在过程中理解与感悟数学。其一，过程经历往往也是知识的发现与探索过程，其中蕴含着各种数学思想感悟、策略运用、思维体验；其二，通过亲身经历发现的知识更容易记忆，即使学生忘记了知识的结果，还可通过过程的再经历获得知识。例如，考试中一位学生面对求梯形面积的考题，虽然忘记了面积公式，但由于对其推导过程印象深刻而能迅速把梯形面积转化为平行四边形或三角形面积求解。

（3）结构化。任何学科的知识都有其独特的结构表征。数学学科知识的结构化表现为知识的纵向与横向的逻辑勾连，新知识的学习往往具有清晰的认知起点，同时也是后续知识的学习铺垫。教学中引领学生体验知识的结构化有助于学生更深刻地领略数学科学的本质。例如，新知识的教学不仅要关注学习者的经验起点，还应关注知识的生长点，在知识的逻辑体系中找到新知识生长点与情境结合引入新知，更有助于学生感悟数学科学的严密逻辑，引导学生获得知识后，要注重引导学生把所学新知置于知识体系中领略前后知识之间的密切联系。这种理解有助于学习者更深刻地认识到所获知识的数学意义。如梯形面积计算公式，知识引入可在具体问题情境（如汽车挡风玻璃面积计算）基础上结合对三角形、平行四边形面积公式计算方法的回顾引入新内容，学好后可引导学生思考它与平行四边形以及三角形面积计算公式之间的内在联系，这样处理更有助于学生深刻理解数学的本质。

---

① 李润洲.指向学科核心素养的教学设计[J].课程·教材·教法,2018(7):35-40.

② 钟启泉.基于核心素养的课程发展:挑战与课题[J].全球教育展望,2016(1):3-25.

（二）升华显性知识教学旨趣，引领学生在深度思维中感悟数学

为发现而教的知识教学不能滞停于显性浅表的知识结果的记忆与训练，应深挖教学内容中潜藏的数学思想以及智慧德行因素，引领学生深度思维，体悟对人的发展更有价值的内隐教育元素。学生通过学校教育所获得的数学知识在他们工作后都会不同程度地忘却，没有忘却的是通过教育引领所获得的思想感悟、思维体验以及德行引导，这才是在他们未来生活与工作中发挥作用甚至受益终身的数学。小学数学虽然看似简单，但其中蕴含着学生进一步学习数学乃至其他学科必备的东西。如知识探索过程中所蕴含的具有广泛迁移性的数学思想方法、数学思维方式，即使在探索过程中所反映出来的思维的严谨性、观察事物的细致性、勇于探索的数学精神等对学生后续发展都是非常有益的。例如，乘法口诀的教学目标之一是要求儿童记住口诀，但若仅满足于这一目标，就会造成口诀教学意旨的价值折损。乘法口诀包含“一个因数不变，另一个因数改变，乘积也随着改变”的一种因果变化关系，升华这一认识，实质上是函数思想的孕育。因此，教学中不能满足于“正背、倒背、乱背、小组背、大组背”这样的机械记忆，应引导学生感悟朴素的函数思想。

再如，在一次小学听课活动中，一位教师在教“梯形的面积”。课前引导学生回顾平行四边形与三角形面积公式的推导过程，再根据教材思路组织学生讨论梯形面积计算的三种方案：把梯形分成2个三角形和1个长方形；把梯形分成1个三角形和1个平行四边形；补一个同样的梯形，拼成平行四边形，并重点就“两个完全一样梯形拼组成平行四边形”展开探究，如图8-1（a）所示。教学流程顺畅自然，一位学生突然说：“老师，我觉得可直接转化为一个长方形（教材中没有呈现该方法）。”该教师停顿片刻，显然预设中未充分考虑，简单表扬之后，只能蜻蜓点水，一掠而过，错失了可能的教学亮点展示契机。课后交流时与该教师谈到学生的这种想法，该教师说：太不可思议了，学生为什么会这么想？

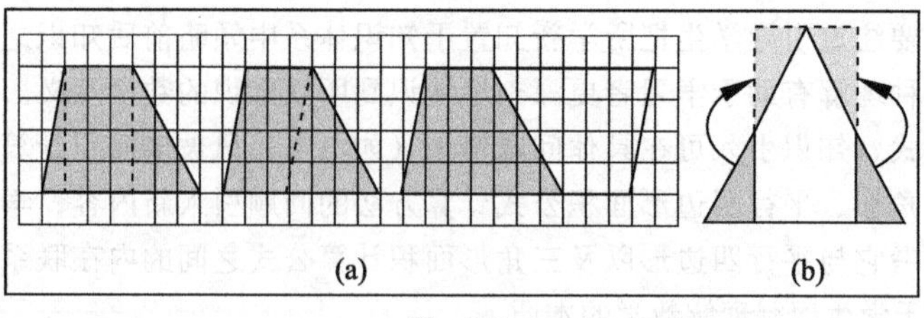

图 8-1

把梯形面积直接转化为长方形面积计算确实不易想到，但学生为什么能提出该方案呢？学生很可能是把求三角形面积转化为长方形面积的图例（我国古

代数学家刘徽的提出“出入相补”原理)，通过类比获得的启发，如图8-1 (b)所示。如果教师进行了更为周密的预设，学生在课堂中提出该方案时就可灵活应变，不仅渗透转化思想，而且也能引导学生真切地感悟到类比推理，对平面几何图形面积计算公式的内在关联有了深刻的体验，从而升华教学境界。此外，还可通过数学史料对学生爱国主义情感进行了“润物细无声”的渗透。

（三）营造愉悦沉浸的探索氛围，引领学生在深度思维中发现数学

创生是知识教学的最高境界，现行小学教材中许多内容编排都注重引领学生经历数学的“再发现”与“再创造”过程。但学生的创生意识很难自发形成，这是一个艰难的循序渐进的引领过程，需要教育的孕育与促进。由于学生智力水平、认知特点、思维方式不同，小学数学课堂中可能会出现意料之外的思考，对于这些思考，教师风格不同，教学处理也是各具千秋。机智型教师可能借机张扬个性，顺势发挥，打破预设，引领学生深度思考；沉稳型教师或许会考虑教学容量问题而刻意回避，失去一个可能的教学亮点。

例如，教学加法结合律（苏教版小学数学四年级下册），教师根据主题图引导学生提出问题“参加活动的一共有多少人”并在学生给出两种解答方法的基础上，把两种方法的算式列成等式$(28+17)+23=28+(17+23)$后，教师通常会请学生自己写出类似等式，学生可能会写出$(10+20)+15=10+(15+20)$或者$(4+6)+8=(4+8)+6$等，这些等式与加法结合律形式不符，会对加法结合律的归纳抽象形成干扰，因此一些教师可能不予理会或以形式不符合要求加以否定，这种做法无意中会压制课堂的探索氛围。有经验的教师不会轻易地否定学生，在引导学生归纳出加法结合律后进一步引领学生对不符合规律的等式进行思考，认识到实质上三个数相加，即使顺序不同，但结果都相同，这样教学可以激发学生知识创生的热情。

（四）科学推理，引领学生经历严谨合理的发现过程

从本质上看，数学核心素养是高于知识技能层面的潜藏在知识技能中的教育元素，并不能直接用于教与学，并非“可教、可学、可测”的，而是表征为知识学习过程的修悟与知识应用过程的训练。例如，数学规则（即数学课程中的定律、法则、公式、定理等）是数学知识的重要组成部分，其形成过程蕴含了各种数学学习必备的核心素养，如推理能力、抽象思想、模型方法等。若数学规则教学滞留于浅表化的记忆与训练，学习者就难以在知识的学习中感悟数学思想方法的内蕴，发展核心素养也就成为空谈。因此数学规则教学中应深挖规则形成过程中蕴含的核心素养，引领学生经历科学合理的推理过程。

例如，乘法分配律的教学（苏教版小学数学四年级下册），一位教师的教学

片段如下。

师：下面我们一起来解决“四年级有6个班，五年级有4个班，每个班级领24根跳绳，求四、五年级一共领多少根跳绳?”这个问题。会列式吗?

小组讨论，学生汇报两种思路。

生1：先算有几个班级，再算一共领多少根跳绳。列式：$(6+4)\times 24$。

生2：先算两个班级各领多少根跳绳，再算总共领多少根跳绳。列式：$6\times 24+4\times 24$。

师：这两个算式的结果应该怎样呢？算算看。结果相等，因此可以用等号连接。

板书：$(6+4)\times 24=6\times 24+4\times 24$。

师：现在我们一起来看看等号两边的式子，有什么相同与不同之处?

生：左边是两个数的和与一个数相乘，右边是这两个数与第三个数分别相乘再相加，结果相同。

师：我们发现等号左边是先算6加4的和，再算10个24是多少。等号右边是先算6个24与4个24分别是多少，再求和，结果不变。这就是我们今天要学习的乘法分配律。

出示课题，下略。

在这位教师的教学中，从问题的两种解答获得乘法分配律的特例，再对该特例进行分析，以此推广到一般，抽象出乘法分配律，并不会对学生掌握与应用定律带来负面影响。但这一过程从方法论角度看是不科学的。一般来说，经验归纳的过程宜立足于对结论若干特例的共性观察与分析。这一点在本书前面的章节中已经反复强调过。教学实践中，一个有经验的老师甚至在引导学生获得规则后还注意组织学生进一步验证，以增加结论的可信度。因此，教材关于类似内容经常有“再写几个这样的等式，和同学说说有什么发现”的环节，教学设计要深挖其中蕴含的数学内核。

（五）猜证结合，引领学生在深度思维中发展理性思维

演绎推理虽然不是小学数学关注的重要的推理素养，但从学生进一步学习数学的内在需要来说，演绎推理能力强的学生在理科方面的潜力更大。因此，从学生发展的需要出发，深挖小学数学中的演绎推理具有较强的教育价值。

(1) 运算法则教学注重“法理”贯通。在核心素养视域下，推理能力的培养需要深挖蕴含在知识学习中的价值意蕴。例如，两位数乘两位数教学，对于“$24\times 12=?$”若关注竖式计算法则的教学，就是一个浅表化的知识学习与技能训练；若对法则追根溯源，不仅关注“法”，而且突出“理”，引导学生从横式计算角度思考：因为$24\times 10=240$，$24\times 2=48$，根据乘法对加法的分配律，

24×12=240+48，从而计算出结果，而竖式计算则是横式计算的简化写法。即是说，教学贯通“法理”。这一过程中实际上就蕴含了演绎推理“因为……，所以……”的基本模式。

(2) 计算公式教学力求“猜证”结合。一个数学结论完整的获得过程实质分成两步：一是合情推理，用于发现结论；二是演绎推理，用于证明结论。由于小学生难以从理论上证明结论，因此在一些运算性质类规则教学中，常常通过验证来弥补，但在小学数学中，实质上依然有一些规则可以从理论上采用小学生能够理解的方式即说理来进行通俗的证明。

例如，三角形面积公式的教学，教材中在学生应用合情推理获得结论的基础上通过一系列连续的问题引导学生讨论交流，实质就是一种逻辑通道清晰的证明。因此，教学中停留于问题的回答是偏颇的，应注重引导学生感悟蕴含其中的严密的逻辑推理。另外，从学生推理素养发展考虑，教学中也可以适当创新教学，训练学生的说理能力。教师在教学三角形面积计算时，在教材基础上引导学生进一步思考，有没有其他的方法呢？如果我们尝试把三角形进行分割，会怎样？学生自然想到会通过作一边上的高把三角形分割成两个直角三角形，然后求出两直角三角形的面积就可以了。这样可以引导学生根据已学的长方形面积计算公式认识到，直角三角形面积是两条直角边乘积的一半，进一步推导出一般三角形的面积计算公式。这个过程虽然学生难以用严密的数学语言陈述，但是通俗的说理是可以的，说理的过程实质展示的是结论形成的逻辑通道。

第三节　为发现而教：数学解题教学寻路

数学解题与数学知识的教学虽然有所区别，但是教学实践中二者实际难以相互割裂开来。一方面，数学解题是数学知识巩固与应用的基本路径，在及时巩固加深对所学知识的理解过程中，解题的价值无疑远高于机械记忆与空洞说教；另一方面，数学知识的学习过程往往也始于数学解题，尤其是在当下中小学数学教学中，知识的获得经常源于一个现实的或者数学领域内的情境中的问题解决，这一过程本身就是数学解题，发现与提出问题、分析与解决问题首先就体现在知识生成过程中。因此，教育者对数学知识的教学观念必然会直接反映到数学解题的教学中。

在第四章中我们探讨了数学解题的内涵、意义与水平。基于数学核心素养发展视角，可把数学解题学习分成双基巩固、思想感悟、思维创造三种水平，在学习者的数学核心素养发展过程中发挥着不同的功能。由于创造性素养是数学核心素养发展的最高境界，也是数学解题学习所追求的最高目标，因此，核心素养视域下的数学解题应在双基巩固性解题基础上指向中高级水平的解题学习，也只有中高级水平的解题学习才可能培育学生的发现与创造素养。

由于小学生年龄与思维发展的特殊性，一个小学生进行独立的思维创造是比较困难的，因此在小学数学学习中，常常表现为思维的再发现与再创造。当下小学数学中许多知识学习就是基于解题的发现过程，不仅需运用各种解题策略，而且本质上已初探“思维创造”，只是通常表现为知识的“再创造”。例如，学习长方形面积公式后，学习平行四边形的面积计算公式，即可视为基于数学解题的思维创造。因此，当前小学数学中一些新知识的学习可视为中高级水平的解题学习。在该水平的解题过程中，需要教师发挥引领作用，在本节中我们进一步探讨核心素养视域下的数学解题教学。

一、当下数学解题教学存在的问题分析

（一）片面强调公式套用，淡化解题思维过程

数学解题需要相关数学概念、公式、法则的支撑，也正是如此，学习者的解题过程才能成为知识的巩固与理解过程。但是在教学实践中，对于一些可以凸显学生思维训练的数学问题，由于教师知识唯上的传统观念，一些教师片面强调公式套用的现象屡见不鲜。在小学听课时经常发现一些教师对学生强调公式的熟记，甚至给出教材上没有出现的“公式”。例如，已知圆的周长，要求圆的面积。有一位教师在教学中给学生提供了一个直接计算公式“$S=\frac{C^2}{4\pi}$”并要求学生熟记。显然在他看来这是非常重要的知识，但是从核心素养培育角度看，把有序思维的过程经历变成了机械的公式套用，是解题教学的价值折损。一线教学中出现这类实用主义现象的个中原因就是一些教师没有扭转“知识唯上”的传统观念。数学解题教学需要通过公式套用引领学生巩固知识，但更应注重引领学生经历从条件指向目标或从目标回归条件的思维体验。可从关注数学知识巩固转向关注蕴含其中的数学核心素养，也可基于核心素养考虑数学知识学习，把数学核心素养与知识巩固融为一体。①

（二）解题教学存在技能化训练倾向，不利于数学核心素养发展

数学解题的教学价值不仅指向知识巩固与应用，还包含层级更高的目标，如能力的形成与发展，数学品格、数学习惯的孕育与沉积。但是当下的数学解题依然受到各类考试指挥棒的影响，教师对解题价值的关注不足，因而在教学实践中依然存在把解题教学变为机械的技能训练的情况。例如，在计算教学中强调算法的识记与操练，而不关注对算法的理解，只告诉学生应该怎么做，而

① 史宁中，等.关于高中数学教育中的数学核心素养[J].课程·教材·教法，2017(4)：8-14.

不向学生讲清楚为什么要这么做。

（三）偏重知识巩固性解题，忽视学生创造性素养的形成与发展

创造性素养是数学核心素养发展的最高境界，也是数学解题学习所追求的最高目标。但在教学实践中，一些教师总是认为，学生的知识都没有掌握，何来创造？这种想法本质上还是“知识唯上”观念的根深蒂固。一个人素养的形成需要知识的积累，但是创造性素养的培育并不一定要建立在系统的知识基础上，如果学生某一方面强一些，就可以开发这个方面的潜能。因此，我们在教学中应该珍视学生的异想天开、标新立异。例如，实际问题“学校花园水池装有进水管和排水管，独开进水管15分钟可注满空池，独开排水管20分钟可以放空水池，现两管同时开，多少分钟可以注满水池？”可视为一个简单的工程问题。教师引导学生列式“$1\div(1/15-1/20)=60$”，有学生根据题中已知数据直接列出算式$(20\times15)\div(20-15)$。实际上这个问题存在合理解释：假设进水管独开300分钟，可以装满20个空池，假设排水管独开300分钟，可以放完15池水，因此进出水管同时开300分钟，可装满5池水，则装满一池水需要60分钟。这种理解冲破了惯常思维，凸显出思维的独创性。

二、指向数学发现的解题教学寻路——以小学数学教学为例

（一）问题设计应指向中高级水平的数学解题

通过解题学习引领学生发现数学的关键是问题设计。无论是预成性还是生成性问题，问题设计应贯彻三个原则：一是情境性。只有通过合适情境才有利于学生感悟、理解、形成与发展核心素养，即使对于双基巩固性习题，虽然缺失核心素养的培育功能，但由于核心素养的培育必须建立在知识技能学习基础上，因此初级水平的解题是必要的，但若赋予现实背景，其价值必将大大提升；二是思想性。这里所说的思想是指数学思想，即是说问题设计应凸显解题过程蕴含的数学思想，当然这些思想往往表征为具体的策略方法。例如，初中生解一元二次方程，要求根据数据特征选择方法而不是一味套用求根公式，更能使他们感悟数学的本质，能使他们逐渐体会到数学解题一般性的东西，如解决高次方程可设法转化为低次方程。再如，小学生进行整数除法运算训练，把除数不变而被除数改变的若干试题成组安排，显然可使学生感悟到被除数与商的因果变化关系，即通过函数思想渗透提升问题层次；三是开放性。在核心素养视域下，开放题表现了良好的教育价值。通过一题多解、一题多问、一题多变或者开放性答案等可以激发学生灵活运用策略方法开放思维，标新立异，在更广

泛的层面上考察学生的综合性素养，甚至触发思维创造，前瞻数学解题的最高境界。

（二）深度思维，引领学生体悟数学问题的学习价值

现行教材中许多数学习题甚至例题功能多样丰富，有些直接反映了编者的设计意图，有些则需要教师深度挖掘才能凸显问题的学习价值，才能在教学中有意识、有目的地引领学生深度思维，感悟数学问题的学习价值。

例如，教学《有趣的乘法计算》（苏教版小学数学三年级下册），如图8-2所示。其内容包括两个部分：一部分是引导学生探索一个乘数是11的两位数乘两位数的规律；另一部分是探索两个乘数的十位相同而个位和为10的两位数乘两位数的计算规律。对于第二部分教学，按部就班地引导学生对实例归纳出规律并不困难，如果教师能够深挖教材潜在意图，引领学生进一步思考：两个乘数的个位相同而十位和为10的两位数乘两位数乘积有无规律可循？一个乘数十位与各位相同，另一个乘数十位与各位和为10，乘积有无规律可循？甚至进一步，三种情况下有无统一的规律？这些问题，课堂上或许难以完成，但如果鼓励学生课后思考或与家长共同探寻，相信可以使学生实实在在地感受数学发现的乐趣，并从中领略数学学习的价值。当然，要达到这种教学预期，需要教师深度解读教材，才能高屋建瓴，实现创造性设计。

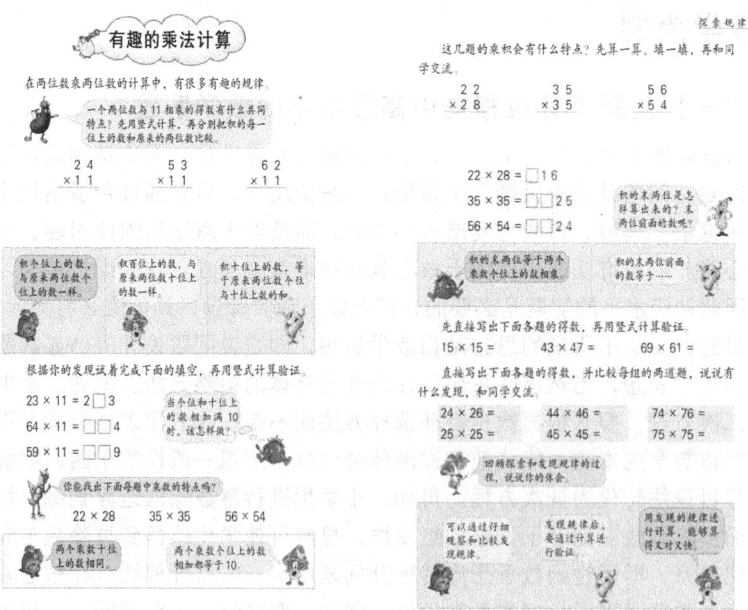

图　8-2

（三）重视预成性解题教学过程中数学核心素养发展

由于数学核心素养的培育必须建立在知识技能学习的基础上，因此初级水平的解题是必要的，初级水平的解题通常都是预成性解题。教学中应注意避免对公式套用的过分强调。教师若走偏、异化本真的解题教学，学生的数学核心素养发展就会受到制约，并可能产生众多负面影响。①

对于直接套用算法或规则求解的双基巩固性问题，虽然难以体现核心素养，但只要教师善于挖掘，往往可以化茧成蝶，升华问题的教学价值。

例如，五年级数学课中，一位教师出了一道习题“某社团有5名男同学、5名女同学和1位老师。儿童节到了，每个同学、老师要向其他男女同学和老师赠送一个小礼物，那么这个社团共需要准备多少个小礼物?”问题不难解决，总共11个人，每个人要准备10个小礼物，所以共准备10×11＝110个礼物。但教学中一位学生提出一种“独特”的思路：(5＋1)×5＋(5＋1)×5＋10＝70，结果显然不对。虽然解答错且繁，但教师没有简单否定，而是充分展示其教学艺术，化错成彩，首先对该学生分成几种情况讨论的方法进行肯定，然后引导全班学生讨论：怎么少了40呢？在学生恍然大悟之后顺势发挥，讲解分类的注意点。这样教学虽然脱离了预成目标，但引导学生感悟了数学解题中重要的分类思想。

中高级水平的预成性解题教学是数学核心素养培育的高效路径，因为解题过程往往需要运用各类数学思想方法，如化归、归纳、演绎等，可使学生在不断运用策略方法解题的过程中感悟数学思想。

例如，在运用计算器探索规律的练习中，教师设计算题“1111111122222222÷33333334＝”，请学生想方设法计算。显然机械计算是不现实的，用计算器算也行不通（计算器已不能显示这些数），怎么办呢？通过小组合作与必要的策略引导，迫使学生以退为进，考虑数据简单的情形，先算1122÷34＝？111222÷334＝？11112222÷3334＝？然后探索其中蕴含的规律并类推到目标算式中，解决问题。在这一过程中，学生不仅可体会计算器可以帮助探索规律，而且也可深刻领悟“合情推理”这一关键素养的价值内核。

（四）鼓励学生生成性解题，激发思维创造

毋庸置疑，解题是数学核心素养发展的关键路径。但在小学数学中，由于学科的基础性，无论从教材习题看还是从考题看，知识巩固与技能训练类的预成性习题占据很大部分，这些问题的解答难以凸显核心素养发展，教学中可以巧设问题，引发学生的生成性解题。

生成性解题往往不满足于答案或方案的获得，而鼓励解题者对问题进一步

① 潘小明.聚焦数学问题，让核心素养在数学课堂落地[J].教学与管理，2018(36):74-77.

思考，因此成果往往超越预设，出乎意料，甚至生成新的认识。在解题过程中，灵活运用各类解题策略方法，多维思考，从不同角度探寻解题方案；标新立异，突破常规获得独特解题方案；开阔思维，由此及彼获得更深、更广的认识。因此，生成性解题可以激发学生的思维创生，高效发展学生的数学核心素养。要使学生以主动积极的、高度投入的心理状态进行生成性思维，需要在教学中营造宽松愉悦、专注沉浸的活动氛围。

例如，一位教师教学“鸡兔同笼”问题：“今有鸡兔同笼，上三十五头，下九十四足。问鸡兔各几何？”教师运用“假设法”分析解题思路后，发现课堂氛围死沉，学生似懂非懂，教师灵机一动，请学生想象面前有35只蹦蹦跳跳的鸡兔，问学生：如果我们请兔子都“起立”，会怎样呢？全班学生哈哈大笑，课堂氛围顿时活跃起来，许多学生立即茅塞顿开，并且有学生受到启发获得另外两种思路：一种是假设给所有鸡都安上两只假脚；另一种是假设砍掉鸡兔的一半脚，即每只鸡砍掉1只脚，每只兔砍掉2只脚。这些形象生动的理解破解了套路式解题的栅障，提升了思维层次。

需要注意的是，有效的生成性解题教学也需要对活动进行周密预设，否则，虽然有时能点燃创造火花，但也可能生成诸如“树上有百只鸟，打死一只还剩多少只”解答的胡思乱想。即是说，数学解题教学应充分利用预设性生成，激发学生非常规思考并给予鼓励。从某种程度上讲，预设性生成恰恰可体现教师高超教学设计艺术，是前瞻生成性教学最高境界的现实路向。[①]

---

① 于国海.生成性教学的实践困境与应对方略[J].中小学教师培训，2018(9)：46-49.

参 考 文 献

[1] 曹勇兵.数学史上的三次危机[J].中学数学教学参考，2004（9）：62-63.

[2] 董海瑞.漫谈数学史上的三次危机[J].太原大学教育学院学报，2007（6）：109-112.

[3] 李忠.数学的意义与数学教育的价值[J].课程·教材·教法，2012（1）：58-62.

[4]（美）莫里斯·克莱因.古今数学思想（第一册）[M].邓东皋，等译.上海：上海科技出版社，2014.

[5] 彭林.非欧几何的由来[J].中学数学教学参考，2004（5）：62-64.

[6]（美）莫里斯·克莱因.古今数学思想（第三册）[M].邓东皋，等译.上海：上海科技出版社，2014.

[7] 张文俊.数学欣赏[M].北京：科学出版社，2011.

[8] 吴光磊.非欧几何的创立[J].数学通报，1956（2）：2-5.

[9] 吴新培.探究数学史中的勾股定理的证明[J].中国校外教育，2019（12）：121-123.

[10] 蔡天新.数学简史[M].北京：中信出版集团，2019.

[11] 李超.勾股定理最早证明新考[J].韶关学院学报，2006（10）：1-4.

[12] 张昆.勾股定理在中国的早期证明研究[J].合肥师范学院学报，2018，36（6）：13-16.

[13] 张奠宙.数学国际合作的曲折与进步[J].科学，2002（4）：5-8.

[14] 达纳·麦肯齐.无言的宇宙——隐藏在24个公式背后的故事[M].李永学，译.北京：北京联合出版公司，2018.

[15] 徐传胜，范广辉.整勾股数和《九章算术》[J].咸阳师范学院报，2011（6）：80-85.

[16] 王丹华，杨海文.费马大定理获证历程及其启示[J].井冈山学院学报（自然科学版），2017（2）：53-55.

[17] 张祖贵.百科全书式的数学大师：莱布尼兹的故事[M].南宁：广西教育出版社，2004.

[18] 朱熹.周易本义[M].苏勇，校注.北京：北京大学出版社，1992.

[19] 柯资能.先天易的数学基础初探——试论先天卦序与二进制[J].周易研究，2001（3）：79-91.

[20] 朱新春.递推算法与先天卦图——邵雍真的知道二进制吗?[J].自然辩证法研究，2018（8）：70-78.

[21] 王辉.周易[M].西安：三秦出版社，2008.

[22] 王昭辉，等.数学文化之数学悖论[J].教育教学论坛，2016（49）：93-94.

[23] 秦玮远."说谎者悖论"的再探讨[J].安徽大学学报（哲学社会科学版），2006（1）：39-42.

[24] 陈世清.从传统逻辑到对称逻辑[J].宁德师专学报（哲学与社会科学版），2006（2）：1-8.

[25] 欧几里得.几何原本[M].燕晓东，译.南京：江苏人民出版社，2011.

[26] 徐品方，陈宗荣.数学猜想与发现[M].北京：科学出版社，2012.

[27] 谈祥柏.数：上帝的宠物[M].上海：上海教育出版社，1996.

[28] 吴振奎，赵雪静.数学大师的发现、创造与失误[M].哈尔滨：哈尔滨工业大学出版社，2018.

[29] 张四保，罗兴国.魅力独特的梅森素数[J].科学，2008（2）：56-58.

[30] 王天权.回归数大团圆[J].数学通报，2006（6）：28-30.

[31] 廖建新.广义回归数的判定及其算法[J].温州师范学院学报（自然科学版），2006（5）：10-16.

[32] 曾俊雄.卡普列加数中的加法法则[J].课程教育研究.2014，（12）：231-232.

[33] 李长明.卡普利加（Kaprekar）数的构造和推广[J].高等数学研究，2019（1）：18-27.

[34] 阮堂明.《全宋诗》苏轼卷辨正辑补[J].殷都学刊，2010（1）：65-70.

[35] 熊昌明.初中数学校本课程的开发与实施[D].桂林：广西师范大学，2011：40.

[36] 谈祥柏.不可思议的分拆算法[J].数学通报，1999（6）：31-32.
[37] 薛丽莉，李俊．“最美数学定理”的几次评选[J].数学教学，2007（11）：47-48.
[38] 张国利，杜智慧.关于对p级数敛散性研究的注记[J].洛阳师范学院学报，2017（11）：22-24.
[39] 一泓.最重要的数学猜想：黎曼猜想[J].新世纪智能，2020（Z6）：25-26.
[40] 楼世拓.关于黎曼猜想[J].自然杂志.1980（5）：37-39.
[41] 刘园园，操秀英.黎曼猜想被证明了吗[OB/OL].[2018-09-25].http：//www.chinadaily.com.cn/interface/toutiaonew/1020961/2018-09-25/cd_36972130.html.
[42] 张艺萍，等.感受数学文化　提高数学素质[J].天津职业院校联合学报，2011（1）：117-120.
[43] 刘福智.科学审美与艺术审美[J].美与时代（上），2014（2）：14-18.
[44] 张钰奇，等.浅析黄金分割在建筑中的应用与价值[J].文艺生活·文海艺苑，2016（09）：182-183.
[45] 佚名.韩信点兵的奥秘：中国剩余定理[J].新传奇，2018（34）：33.
[46] 沈康生.中国剩余定理的历史发展[J].杭州大学学报（自然科学版），1988（3）：270-282.
[47] 吴文俊.中国数学史大系[M].北京：北京师范大学出版社，2000.
[48] 徐迟.哥德巴赫猜想[J].新华月报，1978（2）：210-220.
[49] 刘刚.三元哥德巴赫猜想被法国科学家彻底证明[J].高等数学研究，2013（4）：119.
[50] 徐晟.寻找数学有趣的密码[J].湖南教育（下旬版），2017（11）：58-59.
[51] Linux. PrimeGrid项目发现最大孪生素数[EB/OL].[2016-09-21]. https：//www. linuxidc. com/Linux/2016-09/135389.htm.
[52] 杜文龙.大器晚成的数学明星张益唐[J].教师博览，2014（2）：24.
[53] 佚名.于成仁运用数学方法证明出“四色定理”[EB/OL].[2016-07-05].http：//www.qlwb.com.cn/2016/0705/664406.shtml.
[54] 张辉蓉.数学解题教学是非之争及思考[J].中国教育学刊，2010（5）：38-42.
[55] G.波利亚.怎样解题[M].阎育苏，译.北京：科学出版社，1982.
[56] 于国海.优化与生成——数学解题的价值取向[J].数学通报，2011（2）：10-12.
[57] 史宁中，等.关于高中数学教育中的数学核心素养[J].课程·教材·教法，2017（4）：8-14.
[58] 于国海.数林奇葩——金蝉脱壳[J].中学生数学，2000（1）：22.
[59] 葛淑燕.冰雹游戏趣谈[J].小学数学教师，1998（5）：74-77.
[60] 自由灵魂.发现数学定理的秘密[J].数学教学通讯，2010（7）：8.
[61] 桂起权，张掌然.人与自然的对话——观察与实验[M].杭州：浙江科学技术出版社，1990.
[62] 章建萍.提高科学观察能力有效性的策略研究[J].内蒙古教育，2009（4）：52-54.
[63] G.波利亚.数学与猜想（第一卷）[M].李心灿，等译.北京：科学出版社，2001.
[64] 薛迪群.乔治·波利亚的数学哲学思想初探[J].科学技术于辩证法，1991（4）：1-6.
[65] 于国海.幻方与等幂和问题[J].高中数学教与学，2003（12）：42-43.
[66] 中华人民共和国国务院.国务院关于公布第四批国家级非物质文化遗产代表性项目名录的通知[EB/OL].（2014-11-11）[2014-12-03]. http：//www. gov. cn/zhengce/content/2014-12/03/content_9286.htm.
[67] 韩永贤.对河图洛书的探究[J].内蒙古社会科学（文史哲版），1988（3）：40-43.
[68] 高源.奇妙的幻方[M].西安：陕西师范大学出版社，1995：10-11.
[69] 常秀玲，连迎春.奇妙的奇数阶幻方[J].内蒙古民族大学学报，2010（2）：5-6.
[70] 金丕龄.幻方的智慧[M].上海：上海交通大学出版社，2010.

[71] 于国海.四面体的体积公式[J].中学数学教学参考，1991（5）：13-14.
[72] 杨世明，王雪芹.数学发现的艺术[M].哈尔滨：哈尔滨工业大学出版社，2018.
[73] 中华人民共和国教育部.义务教育数学课程标准（2011年版）[S].北京：北京师范大学出版社，2011.
[74] 张继尧.逻辑学基础[M].北京：北京工业大学出版社，1992.
[75] 于国海.斯坦纳——莱默斯定理的推广与猜想[J].上海中学数学，1994（1）：39-41.
[76] 谈祥柏.趣味数学辞典[M].上海：上海辞书出版社，1994.
[77] 程鹏.一个奇妙的连续数组[J].初中生数学学习，2000（23）：45-46.
[78] 习近平.做党和人民满意的好老师：同北京师范大学师生代表座谈时的讲话[M].北京：人民出版社，2014.
[79] 于国海.指向深度学习的知识教学——以小学数学为例[J].基础教育课程，2020（11）：38-44.
[80] 吕世虎，吴振英.数学核心素养的内涵及其体系构建[J].课程·教材·教法，2017（9）：12-17.
[81] 孔凡哲，史宁中.中国学生发展的数学核心素养概念界定及养成途径[J].教育科学研究，2017（6）：5-11.
[82] 钟启泉.基于核心素养的课程发展：挑战与课题[J].全球教育展望，2016（1）：3-25.
[83] 李艺，钟柏昌.谈“核心素养”[J].教育研究，2015（9）：17-23.
[84] 李润洲.核心素养视域下的知识教学[J].教育发展研究，2017（8）：69-76.
[85] 郭元祥.论学习观的变革：学习的边界、境界与层次[J].教育研究与实验，2018（1）：1-11.
[86] 刘利平.转识成智：知识教学的价值追求[J].当代教育与文化，2019（1）：63-71.
[87] 伍红林.论指向深度学习的深度教学变革[J].教育科学研究，2019（1）：55-60.
[88] 陈静静，谈杨.课堂的困境与变革：从浅层学习到深度学习——基于对中小学生真实学习历程的长期考察[J].教育发展研究，2018（15）：90-96.
[89] 李润洲.指向学科核心素养的教学设计[J].课程·教材·教法，2018（7）：35-40.
[90] 潘小明.聚焦数学问题，让核心素养在数学课堂落地[J].教学与管理，2018（36）：74-77.
[91] 于国海.生成性教学的实践困境与应对方略[J].中小学教师培训，2018（9）：46-49.